· 高等职业教育建筑设计类专业精品教材 ·

Foundation of Architectural Decoration Modeling Design

建筑装饰造型设计基础

主 编 杨 柳 刘 群
副主编 汤留泉 籍 耘

中国轻工业出版社

图书在版编目（CIP）数据

建筑装饰造型设计基础 / 杨柳，刘群主编. —北京：中国轻工业出版社，2024.8

ISBN 978-7-5184-2916-5

Ⅰ.①建… Ⅱ.①杨… ②刘… Ⅲ.①建筑装饰—造型设计—高等学校—教材 Ⅳ.①TU238

中国版本图书馆CIP数据核字（2020）第036645号

责任编辑：李　红　　责任终审：孟寿萱　　整体设计：锋尚设计
责任校对：晋　洁　　责任监印：张　可

出版发行：中国轻工业出版社（北京鲁谷东街5号，邮编：100040）
印　　刷：艺堂印刷（天津）有限公司
经　　销：各地新华书店
版　　次：2024年8月第1版第2次印刷
开　　本：889×1194　1/16　印张：7
字　　数：250千字
书　　号：ISBN 978-7-5184-2916-5　定价：46.00元
邮购电话：010-85119873
发行电话：010-85119832　010-85119912
网　　址：http://www.chlip.com.cn
Email：club@chlip.com.cn

241421J2C102ZBW

前言

PREFACE

习近平总书记在党的二十大报告中指出，教育、科技、人才是全面建设社会主义现代化国家的基础性、战略性支撑。在百年奋斗历程中，我们党始终重视教育、重视培养人才。习近平总书记强调必须深入实施科教兴国战略、人才强国战略、创新驱动发展战略，完善国家创新体系，加快建设科技强国，实现高水平科技自立自强。

建筑装饰造型设计是我国基础建设人才培养的重要课程之一，结合了科学的先进性与教育的融合性，是科技和教育事业完美结合的基础建设学科课程。学习建筑装饰造型设计方法，要根据本书深入浅出地了解造型设计方法、材料选配与实践操作，针对高职高专院校建筑设计专业与环境设计专业特色进行解构，深度且全面讲解建筑装饰造型设计的知识点。

建筑装饰工程的核心功能是维护建筑主体结构的完整性、优化建筑物的物理与使用属性，以及增强其审美价值。此过程涉及对建筑内外空间的装饰性加工，运用各类装饰材料与构件，从而构成人类居住环境中不可或缺的一环。建筑装饰不仅有助于改善居住条件，提升居民生活满意度，还激起了人们对美好生活向往的热情。

观察建筑装饰造型设计的当前发展趋势，可见其面临着一定的限制因素。专业人才短缺成为首要问题，随着房地产业的迅猛发展，市场对建筑造型装饰的需求不断攀升，同时，对现有建筑形态的不满和对新型建筑风格的追求也日益显著。然而，高等教育机构提供的专业课程及人才支持尚无法满足市场的巨大需求。建筑装饰行业的快速变化和较短更新周期要求行业必须紧随时尚潮流。一般公共场所的装饰使用周期为5～6年，而商业和娱乐建筑装饰空间的周期更短，这要求设计师不仅要有敏锐的时尚洞察力，还要具备长远的眼光。

国民经济的发展水平与建筑装饰行业的兴衰紧密相连。我国经济的快速增长为建筑行业提供了坚实的经济基础，而城市化的不可逆转趋势则为建筑装饰行业带来了持续而庞大的市场需求，推动了行业的飞速发展。因此，高等院校加强建筑装饰造型设计课程的设置显得尤为重要。城镇化进程的加速导致农村人口向城镇转移，引发了对住房和相应基础设施的迫切需求。建筑装饰造型作为社会环境的重要组成部分，对人们的生活品质产生了深远影响。

本书从建筑装饰造型基础内容的角度进行编写，着重培养设计人员的建筑装饰基础知识，为今后的发展奠定良好基础。本书的第一章对建筑装饰设计的基础知识及建筑设计的基本元素做了细致讲解；第二至四章主要讲述了建筑装饰的三大构成要素，学习平面构成、立体构成、色彩构成的基本原理和造型方法及形态构成中的审美知识和形式美的原则，目的是使学生能进行简单的建筑装饰设计。只有将基础知识理解透彻，后期设计过程中方能游刃有余；第五章主要讲建筑装饰图案设计，图案作为建筑装饰的重要元素，体现着建筑装饰的形式美与创造美；第六章介绍建筑装饰字体造型设计，将字体的实用性与美观性结合，让建筑装饰具有良好的视觉效果。

综上所述，建筑装饰造型设计基础是高等院校建筑装饰专业的一门必修课程，是培养设计师的创造性思维、视觉美感、实践能力的重要课程，有利于设计人员形成理性的思维能力，抽象与具象的设计形式，从而实现设计方案与施工工艺的完美融合。

编者

目录

CONTENTS

若扫码失败请使用
浏览器或其他应用
重新扫码！

PPT 课件
（扫码下载）

第一章

建筑装饰造型设计概述

» **学习难度：** ★☆☆☆☆

» **重点概念：** 元素、中西方差异、建筑环境

» **章节导读：** 建筑装饰造型离不开建筑本体，建筑设计是从建筑群的外形方面着手，进行功能完善。其既要保证建筑结构合理，也要保证建筑物美观实用又坚固。建筑装饰造型设计是在建筑物的基础上，对建筑进行装饰、造型，对其进行改造设计。因此，我们要学习建筑装饰造型设计的知识，就不得不先来了解建筑的功能、属性、文化因素以及与环境之间的关系。

第一节　建筑的概念与范围

一、什么是建筑

什么是建筑？简而言之，建筑就是房子。复杂地说，建筑是用结构来表达思想的科学性艺术。在西方古代，建筑曾被视为“凝固的音乐”“石头的史书”，到了现代，建筑又衍生为“人居单元”，甚至是“房屋机器”，伴随着时代的发展变迁，建筑的内涵也在不断更迭。

建筑是人们生活中最熟识的一种存在。住宅、学校、商场、博物馆等是建筑，纪念碑、候车厅、观光塔等也属于建筑范畴。任何时候，人们都在使用建筑，体验建筑。从狭义上讲，建筑是提供室内空间的遮蔽物，它为居住、生活的环境提供了物质条件。从广义上讲，建筑是一种艺术形式，是一种环境构成，是一种文化状态，也是一种社会结构的显现。

意大利建筑史学家布鲁诺·泽维（Bruno Zevi）曾对建筑的意义做过如下描述“建筑，几乎囊括了人类所关注事物的全部，若要确切地描述其发展过程，就等于是书写整个文化本身的历史。”建筑与自然、社会、政治、经济、技术、文化、行为、生理、心理、哲学、艺术、宗教、信仰等科学之间存在着各种各样的复杂的联系。

二、建筑的范围

住，是人类日常生活中的一个大问题。住，离不开房屋，建造房屋是人类最早的生产活动之一。早在原始社会，人们就开始用树枝、石头构筑巢穴以防风雨侵袭及野兽的威胁，这是最原始的建筑活动。

随着社会的进步，基础建筑已经有了保障，于是出现了宅院、花园、府邸、宫殿等添加了精神需求方面的建筑。并且人们开始全面考虑，为生者亡后所“住”的陵墓，以及信仰崇拜的神所“住”的庙堂也随即产生。

随着生产力的发展，出现了作坊、工场以及现代化的大工厂。商品交换产生了，钱庄、店铺乃至现代化的大商场、百货公司、银行，贸易中心也逐步出现。交通更加便利，出现了码头、驿站，直至如今的港口、车站、机场、地铁站。科学文化发展，出现了私塾、书院，直至如今的学校、培训机构以及科学研究中心。

第二节　建筑设计的基本要素

一、适用性

适用性作为建筑构成要素指导，决定建筑的规模、形式、造型。建筑的功能是建筑艺术区别于其他艺术的首要特征。建筑的价值有很重要的一部分取决于它对功能的满足程度。建筑可以按不同的使用要求，分为居住、交通、教育、医疗、娱乐等许多类型，但无论哪种类型都应该满足以下基本功能。

1. 满足使用需求

为了满足人的使用活动需求，建筑造型设计需满足人体活动的基本尺度，在室内外空间中，人体的活动范围不受建筑造型制约。人体基本尺度属于人体工程学研究的最基本数据之一。通过研究人体在环境中对各种物理、化学因素的反应和适应力，

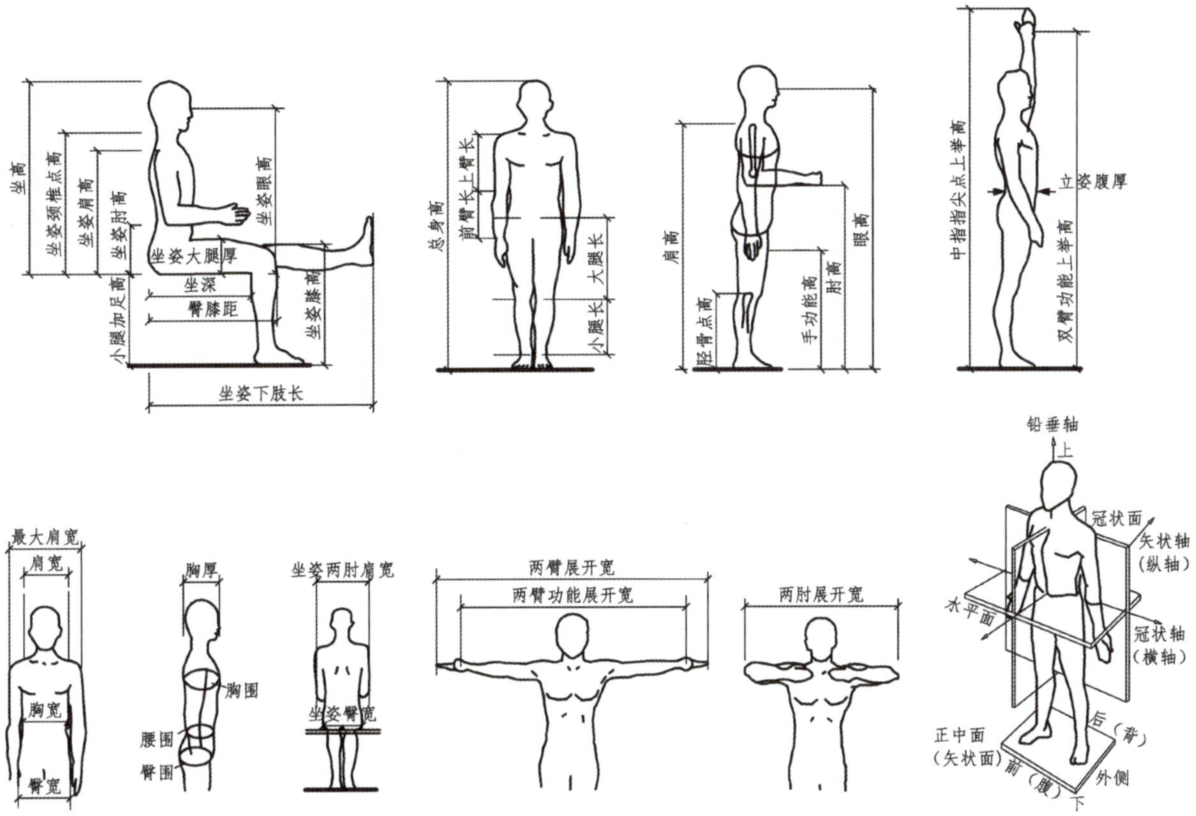

图1-1 人体活动基本尺度名称图

图1-1：从人体各个部位的活动范围可以看出建筑造型设计需要的空间大小，从而设计出具有人性化的作品。

分析环境因素对生理、心理以及工作效率的影响程度，确定人在生活、生产等活动中所处的各种环境的舒适范围和安全限度，因而确定了基本动作尺度。图1-1是人体活动的一些基本尺度名称。

从人的生理要求来看，主要包括对建筑物的朝向、保温、防潮、隔热、隔声、通风、采光、照明等方面的基本要求，并通过辅助手段来满足某些特定空间的防尘、防震、恒温、恒湿等特殊要求。根据使用功能的不同，对建筑朝向和开窗的处理也不同。例如起居室、幼儿活动室、病房等，可争取好的朝向和较多阳光，并且注意通风，选择朝南。而实验室、书库等应避免阳光直射，选择朝北。随着现代技术的发展，这些要求已经能够在建筑过程中得到基本满足。

2. 人的活动对空间的要求

建筑功能的满足，主要表现在人能在其中实现自己的行为活动，而不同的行为需要不同的功能空间来予以满足。例如，日常生活所需的起居、烹饪、洗漱及储藏空间，因其功能不同，这些房间在大小、形状、朝向和门窗设置上都有各自不同的尺寸；在公共空间中，人的行走路线，座具，根据人流量的大小，都有不同的尺寸。

3. 建筑空间的流线

建筑流线空间主要包括两方面的含义：一方面是实际使用所要求的具体通行能力，在建筑设计规范中就对疏散通道每股人流的宽度，电梯、自动扶梯的运输能力等均有规定；另一方面是应顾及人在心理或视觉上的主观感受，如对建筑的主要入口或重要场所的入口加以强调，对主要通道和次要通道的建筑处理有所区别等。因此，建筑造型设计应与建筑空间流线相结合，设计出满足空间流线的作品。

有些建筑的使用是按照一定的顺序和路线进行的，例如机场、客轮安检的流程（图1-2、图1-3），为保证人们活动的有序和顺畅，建筑的流线组织和疏散效率显得十分重要。如交通建筑设计的中心问题就是考虑旅客的活动规律，以及整个活动顺序中不同环节的功能特点和不同要求。

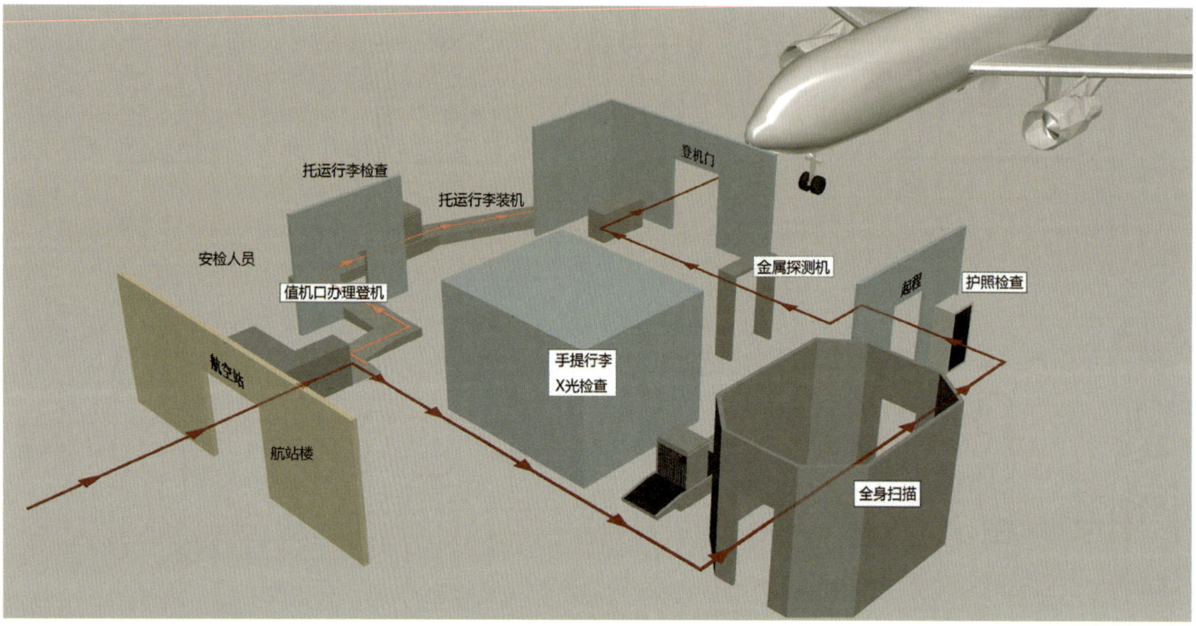

图1-2　机场安全检测流程图

图1-2：建筑造型设计需要与既定设计路线相吻合。在机场的安全流程设计图中，每一个案件流程都有特定的实物造型，需要旅客按照流程一步步进行，因此，建筑空间的流线与建筑造型存在着必然关系。

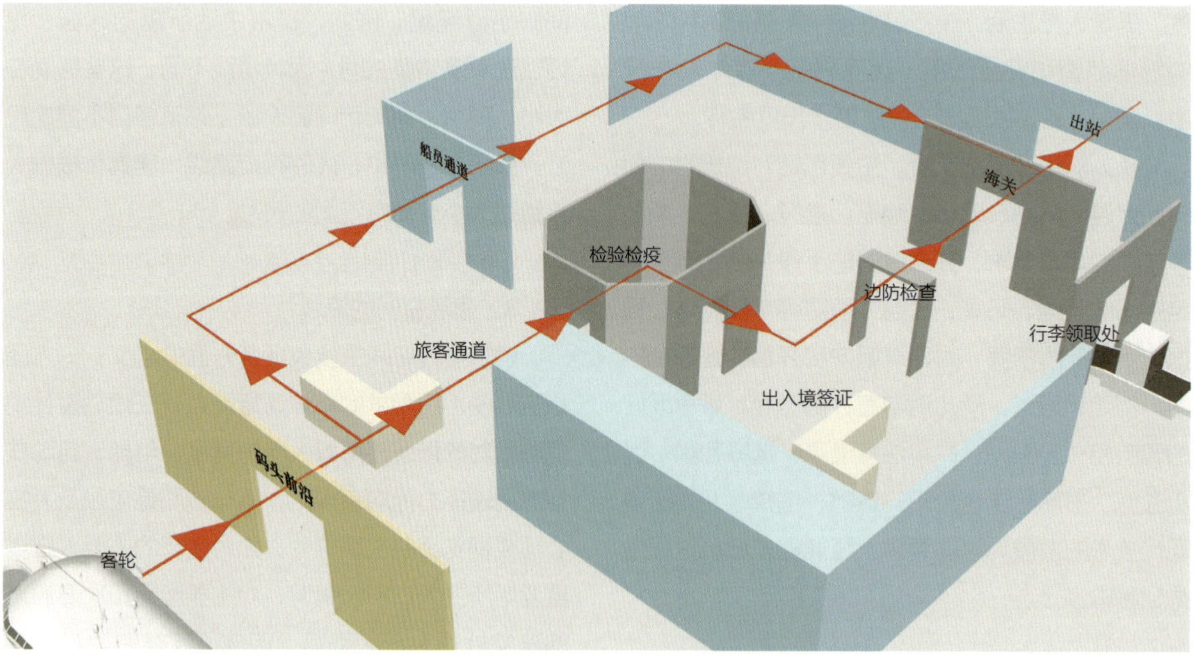

图1-3　客轮安全检测流程图

图1-3：客轮安检流程是按照建筑物顺序来指导旅客进行每一项工作流程的。这时，建筑造型在一定程度上充当了引导的角色。可以看出建筑流线对使用者的制约与建筑造型对使用者的指导作用。

补充要点

建筑使用空间应具备的条件

1. 大小和形状。这是空间使用最根本的要求，如一间卧室需要十几平方米的矩形空间，而一个观众厅则可能需要1000m^2，并且需要以特殊的形状来满足“视”和“听”的要求。
2. 空间围护。由于围护要素的存在，才能使得这一使用空间与其他空间区别开来，它们可以是实体的墙，透明或透空的隔断，也可以是柱子等。
3. 活动需求。使用空间中所进行的活动，决定了它的规模大小以及动静程度等，如起居室，应满足居家休息、看电视、弹琴等日常活动的需求，而一个综合排练厅，则应满足戏曲、舞蹈、演唱等多种活动的要求。
4. 空间联系。某一使用空间如何与其他空间进行联系，是通过门或券洞、门洞，或是利用其他过渡性措施，如廊子、通道和过厅等；其封闭或开敞的程度如何，也是联系强弱的重要体现。
5. 技术设备。对于空间的使用，有时需要某种技术设备的支持，以满足通风、特殊的采光照明、温度、湿度等要求，如学校建筑中的美术教室、化学试验室、语言教室等都是具有特殊功能的空间。

二、技术性

每一种动物都以一定的方式构筑自己的生存空间，例如，蜘蛛结网、老蚕作茧、燕子筑巢、蚂蚁堆砌蚁丘，人类更是如此。因此，为人类生产生活提供安全的场所，是建筑最基本的目标，也是建筑“技术性”的本质。

结构是建筑物的骨架，对建筑的造型和形式影响深远。结构是建筑设计中必须遵循的法则，它为建筑提供合乎实用的空间并承受建筑的全部荷载，抵抗各种天气变化及地理环境变化对建筑物的侵蚀和破坏。建筑结构有以下几种。

1. 梁板结构

以墙和柱承重的梁板结构是最古老的结构体系，至今仍在沿用。它由两类基本构件组成：一类是墙柱；另一类是梁板。其最大特点是墙体本身既起到围合、分隔空间的作用，又要承担屋面的荷载，因此，一般不可能获得较大空间。

2. 框架结构

框架结构也是一种广义的结构体系，他包含梁板结构，其荷载及构件自重的传递过程是：由楼板传递给梁，经梁传给柱，由柱传给柱基，再由柱基传给土地。它的最大特点是承重的骨架和围护、分隔空间的墙体明确分开，墙体不承重，位置可改变，因此可以获得较大的使用空间。现代的钢筋混凝土框架结构则是这种普遍采用的结构体系。

3. 新型结构

伴随着近代材料科学的发展和结构力学的兴起，相继出现了桁架结构、钢架结构和悬挑结构，这些结构大大增加了空间的体量。第二次世界大战结束后，受仿生学影响，建筑结构中又出现了壳体结构（图1-4）。壳体结构外形来自于“贝壳”，外形合理、稳定性好，可以覆盖很大的面积。新型结构中还有折板、网架和悬索结构（图1-5），都大大发挥了材料的特性，自重轻、强度高。另外充气膜结构（图1-6）与张拉膜结构（图1-7）建筑也逐渐出现在人们的视野里。

三、艺术性

建筑从其起源就具有了自身的艺术特征，历来被列入三大空间艺术（建筑、绘画、雕塑）的首

图1-4　壳体结构

图1-4：壳体结构具有很好的空间传力性能，能以较小的构件厚度形成承载能力高、刚度大的承重结构，能覆盖或维护大跨度的空间而不需要空间支柱，能兼承重结构和围护结构的双重作用，从而节约结构材料。

图1-5　悬索结构

图1-5：悬索结构是由柔性受拉索及其边缘构件所形成的承重结构，主要应用于建筑工程和桥梁工程。

图1-6　充气膜结构

图1-6：充气膜结构是指在以高分子材料制成的薄膜制品中充入空气后而形成房屋的结构。

图1-7　张拉膜结构

图1-7：张拉膜结构通过拉索将膜材料张拉于结构上而形成，具有形象的可塑性和结构方式的高度灵活性、适应性。

位。人的一生，绝大部分时间都是在与建筑有关的各种空间中度过的。因此，人们在要求建筑满足功能，使用合理的同时，也必然会对建筑的造型寄予审美期望。任何建筑都是艺术的创造结晶，都与社会的意识形态、大众的审美选择紧密相连，只是知识表现形式与感染力度有所不同。建筑既满足人们的物质需要，又满足人们的精神需要。它既是一种技术产品，又是一种艺术创作。

在西方，建筑凭借自身的庞大力量展现着辉煌的艺术魅力。在东方，建筑以递进的院落组合表达了东方的含蓄之美。步入现代，建筑则呈现多元化发展，建筑通过形体与空间的塑造，能够获得一定的艺术氛围。建筑所形成的艺术氛围能让人有不同的认知，或庄严，或亲切，或幽暗，或明朗，或沉闷，或神秘，或宁静，或活跃，这些就是建筑的艺术感染力。

第三节　中西方建筑文化

一、中国古代建筑文化

中国古代建筑历经朝代的更迭、岁月的洗礼，演化进程连续而缓慢。在现世、现实的观念指引下，始终延续了以木构架为主体的建筑体系。而建筑在历经时间更迭，历史变迁后，在造型上具有不可复制、不可比拟的文化底蕴，也促进了建筑装饰造型的发展。

1. 史前建筑

伴随原始人群的繁衍、发展，史前建筑孕育而生，这一时期的建筑按所属地域和建筑形态可分为巢居、穴居两类。其中巢居以距今7000余年的浙江余姚河姆渡村为代表，其特征是应用榫卯结构，表明了技术的长足进步。穴居以距今5000余年的陕西西安半坡村遗址为代表，其特征是采用套间式的布局模式，反映了家庭私有制的出现。

2. 殷周

对于殷商的起源，还没有确切的答案，其中以河南偃师一带的可能性最大。观察在今河南偃师二里头发现的殷商宫殿遗址。按照古人“尊中”“崇北”的思想，宫殿位于院北正中，屋顶造型为等级最高的重檐庑殿顶。

至周朝，礼制盛行。《周礼·考工记》曾对都城做出明确规划，当时确立了都城规模，城门位置、数量，街道走向、宽度，主要功能布局等诸多要素，堪称我国最早的城市规划典范。其中“尊中”的观念在此体现的淋漓尽致。瓦的发明是周朝在建筑上的又一突破，为中国传统建筑以木、土、瓦、石为基本材料的营造传统奠定了基础。

3. 秦汉

秦朝开启封建王朝先河，鼎盛一时。在建筑上，这一时期最主要的成就有三个方面：一是万里长城；二是阿房宫，位于咸阳以南；三是秦始皇陵，位于陕西临潼下河，墓呈方锥形，东西345m，南北350m，高76m，规模宏大。

两汉时期开疆拓土、国力强盛，迎来了中国古建筑第一个高峰期。其建筑成就枚举如下。城市建设方面，受“崇北”思想的影响，建造了形似北斗，壮丽雄伟的长安城。陵寝建筑方面，伴随石材的广泛应用，墓室、墓阙、墓祠等日臻完善。礼制建筑方面，开辟了“明堂、辟雍”，其布局形态为：外围环形水沟，中央正方形院落，院四周竖围墙，四角建廊庑，四方设门楼，正中为一座四面对称的主体建筑。建造技术方面，形成穿斗式、抬梁式两种最基本的木架构形式，制砖技术和拱券结构也获得长足发展。

4. 魏晋南北朝

在这一时期，社会动荡，战乱绵延，人们为了逃脱现实的苦痛，佛教空前盛行，以佛寺、佛塔、石窟为代表的佛教建筑次第而生。现存最古老的河南登封嵩岳寺塔、举世瞩目的甘肃敦煌莫高窟、山西大同云冈石窟、河南洛阳龙门石窟均为该时期建造。此外，比较著名的还有四川的大足石刻、甘肃天水麦积山石窟、山西太原天龙山石窟。与此同时，在士大夫行列里，清淡之风盛行。他们以自然为宗，承老庄之学，淡泊名利，寄怀山水。在玄学的浸润下，山水式园林悄然兴起。

5. 隋唐

隋朝统一天下之后，开凿了南北大运河，兴建了我国历史上最大的都城大兴城。修建了世界上最早的敞肩拱桥：河北赵县安济桥（今赵州桥）。

唐朝被称为中国封建王朝的全盛时期并不为过。这期间政治清明，经济繁荣，思想开放。文化上的兼容使得建筑成就多不胜举。城市规模蔚为壮观，宫殿建筑气势恢宏。其中，唐长安城采用了中轴对称布局，规划严谨，达到了中国古代里坊制都城最完善的形态。位于唐京师长安（今西安）北侧的大明宫，是大唐帝国的宫殿，是当时的政治中心和国家的象征，也是世界古代史上面积最大的宫殿建筑群。另外，中国佛家在此时期得到了长足的发展，留存至今的佛教建筑有山西五台山南禅寺大殿、佛光寺大殿、西安大雁塔、西安小雁塔、玄奘塔等。

补充要点

木构架

木构架，顾名思义就是采用木材为主要建筑材料的构架形式，广泛应用于房屋、桥梁、景观等建筑和工业等领域。木构架结构是用木立柱、木横梁构成房屋的骨架，屋子的重量通过横梁集中到立柱上，墙只起隔断作用，它不承担房屋的重量。木构架又有抬梁、穿斗、井干三种不同的结构方式，而抬梁式使用范围较广，在三者中居于首要地位。

1. 抬梁式木构架。是沿着房屋的进深方向在石础上立柱，柱上架梁，再在梁上重叠数层瓜柱和梁，自下而上，逐层缩短，逐层加高，至最上层梁上立脊瓜柱，构成一组木构架。
2. 穿斗式木构架。是沿着房屋的进深方向立柱，但柱的间距较密，柱直接承受的重量，不用架空的抬梁，而以数层“穿”贯通各柱，组成一组组的构架，也就是用较小的柱与数木拼合着穿，做成相当大的构架。
3. 井干式木构架。是用天然圆木或方形、矩形、六角形断面的木料，层层累叠，构成房屋的壁体。

6. 两宋辽金

宋朝采取的施政方针是重文轻武，文人治国。致使军事积弱，冗兵冗官。但这个朝代也是中国历史上经济与文化教育最繁荣的时代之一。该时期的建筑风格发生了较大改变，城市布局上废除了里坊制度，以开放的街巷代替。建筑规模较唐朝缩小，注重空间层次感。建筑类型上添加了各类商铺、酒肆、茶坊等商业建筑。《清明上河图》是其特色的完美体现。自古说唐诗宋词，随着宋词的高产，园林也随之兴盛。

辽代建筑延续唐风的雄浑苍建，金代建筑则繁缛堆砌。三者留存至今的知名建筑有山西晋祠圣母殿、天津蓟县独乐寺观音阁、山西应县佛宫寺释迦塔、山西大同华严寺。

7. 明清

明清时期的建筑变化可概括为两个方面：其一，制度的规范化。建筑的等级区分越发明显，建筑群体布局更加规范严格，建筑单体则趋于定型化。其二，装饰的烦琐化。形态上不同于唐宋建筑的舒展大气，明清建筑表现出严谨细密的特征。例如明朝时期的江南园林，清朝时期的承德避暑山庄。

在西方古代时期，建筑从早期的雄伟庄严到古典的肃穆高贵，经过中世纪的气势磅礴到文艺复兴的文化冲击，展现了丰富多彩的建筑形式。

二、西方古代建筑文化

1. 古埃及建筑

古埃及是人类文明发祥地之一。金字塔与太阳神庙是其建筑方面的主要成就。他们坚信灵魂不灭，由此建造了胡夫金字塔、哈夫拉金字塔及狮身人面像斯芬克斯。高耸的塔尖象征着权力的威严，纯粹的形体象征着永恒的纪念。古埃及人信仰太阳神，为其修建了祭祀用的神庙。太阳神庙有围柱式院落，大殿和密室。林立的巨石诉说着古老的文明。此外，卡纳克神庙、卢克索神庙、阿布辛波大庙等也是神庙的杰出代表。

2. 古西亚建筑

该时期出现了以土为原料的结构体系和装饰方法，由此发展形成的拱券、穹窿构造对后世产生了深刻的影响，空中花园、观象台、宫殿建筑是该时期的主要建筑类型。

3. 古爱琴海域建筑

克里特岛文明与迈锡尼文明共同形成了爱琴文明，这是古希腊文明的开端。流传至今的建筑遗址有克诺索斯宫殿遗址和迈锡尼狮之门。

4. 古希腊建筑

希腊艺术杰出的普遍优点在于高贵的单纯和肃穆的伟大。这种艺术特质集中体现在雅典卫城（图1-8）的建筑群中。其主体建筑包括帕提农神庙、伊瑞克提翁神庙、胜利神庙和卫城山门四部分。

补充要点

希腊建筑的影响

希腊建筑对后世影响最大的是它在庙宇建筑中所形成的一种非常完美的建筑形式，它用石制的梁柱围绕着长方形的建筑主体，形成一圈连续的围廊，柱子、梁枋和两坡顶的山墙共同构成建筑的主要立面，经过几百年不断演进，这种建筑具有了一定的格式，叫作“柱式”。它的出现对欧洲后来的建筑有很大影响。

5. 古罗马建筑

古罗马继承了古希腊晚期的建筑成就，并加以糅合改进，将古典建筑推向了巅峰。结构方面综合了梁柱和拱券两种结构体系，创造了券拱式，创建了角斗场、浴场等多种公共建筑。其代表建筑为万神庙、大角斗场、卡瑞卡拉浴场。

图1-8　雅典卫城

图1-8：雅典卫城是希腊最杰出的古建筑群，是综合性的公共建筑，为宗教政治的中心地。最初，卫城是用于防范外敌入侵的要塞。

第四节 建筑装饰造型与环境

随着全球化的发展，与建筑有关的社会问题、自然问题日渐凸现。建筑装饰造型除了它自身就是一种人为的环境外，又时刻脱离不了周围的环境。我们应该把建筑造型、人、环境看作是一个不可分割的整体，脱离了人对环境的需求，建筑造型设计也就失去了意义。因此，我们不仅要了解建筑本身，还要从不同角度去看待建筑，才能全面的了解建筑学。

一、建筑装饰造型与社会环境

1. 相对性与整体性

任何建筑环境都是相对于一定的内容而言的，如居室中的家具、门窗、隔声、保温等构成居室的环境内容；居室和餐室、厨房等构成住宅的环境内容；众多的住宅和其他服务设施如小学、商店等以及交通、绿化等又构成居住区的环境内容，因此，建筑师所面临的每个具体工作都有其相对完整的意义。而从相对意义来看，居室和住宅又都分别是住宅和居住区这个更大环境层次中的局部。

当我们评论任何一项建筑设计时，总不能脱离开它与周围建筑的关系，周围的交通组织、绿化、景观等环境条件。在一定的情况下，局部和整体还可能会存在这样或那样的矛盾，因此，在当前建筑学内部分工日趋精细的情况下，树立整体环境意识，处理好局部与整体的关系，就显得尤为重要。

2. 民族性

民族不同在宗教信仰和伦理观念等方面就会存在着差异，这些不同点在建筑造型中也有相应的体现。当我们看到大坡屋顶、木构架、石台基时，会识别出这是我们中国的传统建筑造型，这样的建筑便成了中华民族的一个“符号”，建筑便具有了民族性。

民族的宗教特征在建筑上的体现非常明显，建筑常常被赋予传达教义的使命。印度佛教建筑与我国的佛教建筑差异悬殊，这是因为印度佛教宣扬的是遁世、无情的思想，而我国佛教经过与儒家、道家思想的融合，体现出现实的、理性的一面，因而我国佛教建筑与世俗建筑形式相近。

藏传佛教不同教派的佛教建筑在色彩、形制、装饰等方面都存在较大差异；欧洲中世纪出现东、西两大教派，东欧信仰东正教 ，西欧主要为天主教，两大教派的教堂建筑的造型也体现出明显不同的形态。

> **补充要点**
>
> **俄罗斯莫斯科克里姆林宫**
>
> 克里姆林宫是一组建筑群，位于莫斯科的心脏地带，是俄罗斯联邦的象征，总统府的所在地。保持至今的围墙长2235m，厚6m，高14m，围墙上有塔楼18座，参差错落地分布在三角形宫墙上，其中最壮观、最著名的要属带有鸣钟的救世主塔楼。5座最大的城门塔楼和箭楼装上了红宝石五角星，这就是人们所说的克里姆林宫红星。克里姆林宫享有“世界第八奇景”的美誉。

3. 历史性

建筑环境的存在离不开一定的时间范畴，在人类七千年的文化历史中，建筑被认为是最永恒的一种表现形式。单幢建筑如此，建筑所在的村镇、城市或地区更是伴随着一定的历史脚步，经过长时期的生活积淀，从社会习俗、文化艺术、宗教信仰、思想意识乃至政权更迭等各个方面，影响和充实着环境的内涵。

建筑作为社会行为的结果，其营建过程必然受到社会政治、经济、文化、技术水平甚至军事的影响，因此建筑物便有了类似文字和绘画的“记录”功能，人们用建筑语言来书写特定时段人类文明。人们在经历了现代建筑运动的广泛实践之后，逐渐对国际式的千篇一律日益担心，让我们不禁重新反思建筑的人文含义。尊重历史，处理好创新与继承的关系仍然是当今建筑学发展中的一个重要课题。

二、建筑装饰造型与自然环境

建筑装饰造型设计发展到如今，与自然之间的关系也越来越深，随着全球化的发展，环境问题成为人们共同重视的问题。

1. 生态性

建筑作为人类生活的背景幕，对资源的消耗和对环境的污染是超乎常人想象的。根据欧洲建筑师协会的估计，全球的建筑相关产业消耗了地球能源的50%，包括水资源的50%、原材料的40%、农业损失的80%，同时产生了50%的空气污染、42%的温室气体、50%的水污染、48%的固体废弃物。显然，建筑已成为具有全球性影响的生态学的研究对象。一方面，建筑消耗着资源；另一方面，建筑又污染着环境。

我国政府积极鼓励城市建筑采用钢筋混凝土构造以替代黏土砖构造，然而今年钢筋混凝土建筑对于砂石的大量需求，已对环境产生了更严重的破坏。工业的高速发展和大规模的开发建设，消耗着大量的资源，包括矿藏、森林、大气、水、土地等，造成了地球资源的全面匮乏。

建筑因其高污染、高耗能的特性，其一砖一瓦，甚至一块玻璃都是污染的源头。天然石材的开采，以太湖边的湖州市为上海建设大量开采石材为例。仅“水冲石矿”这一开采工序，每年就要产生500万吨泥沙和石屑，这些废弃物或堆积成山，或直接排入太湖和黄浦江。使得山林破坏、水体污染、空气粉尘含量严重超标。

除去生产建筑材料的污染过程，建筑的营建过程和拆除过程污染也非常严重。拆除阶段产生的固体废弃物，不但对人体危害不浅，还加大了废弃物处理的负担，甚至许多无良厂商随意倾倒建筑垃圾，使山川受到严重的污染。

如何在建筑领域从生态平衡出发，走可持续发展道路，既为人类提供舒适的生活环境，又能做到合理利用和保护自然资源，已经受到国际建筑界的普遍重视。大自然是一个物质和能量循环、能量再生的生态系统，人类是地球生态循环的重要环节，只有改善建筑对资源的高消耗和低利用率，建筑的“生态性”才能得以延续。

2. 地域性

建筑与地域内的气候状况、材料资源、地域文化等因素息息相关。在技术不发达的古代，尤为明显。从而使不同地区的建筑表现出一定的特征，这就是建筑地域性的表现。

（1）气候因素。越寒冷的地区住家通常比较集中，且外形大多做成方正、浑圆、平整的造型，内部空间围绕着采暖的壁炉而设。湿热地区则是大片的树荫，充分的通风。

（2）资源因素。自然资源方面，建筑地域性体现为因地制宜。我国西南山区木构建筑，充分运用了当地丰富的木材资源。例如“吊脚楼”与起伏不平的山地融为一体，独成一道风景。而在埃及，无论是金字塔还是祭祀建筑都采用石材筑成。不可否认，流传至今的本土建筑才是最适合当地地域特征的。

（3）文化因素。在这个多元化的社会，建筑的地域性还被赋予了广泛的社会和文化内涵。中世纪的欧洲修道院依照生态原则开垦土地、生产粮食，人性地饲养动物，用当地的材料建造房屋，汲水并循环使用，遵循着与自然和谐相处的生存方式。一些小城镇和发展滞后的地区，还留存着这样一种自然而然的生活，正是这种根植于自然的人文气息，令人对乌镇、婺源这样的古镇难以忘怀。无可辩驳，脱离了文化，仅限于节约资源的建筑可能是索然无味的。

第五节 案例分析：国内著名建筑造型设计（扫码下载案例）

案例二维码

本章小结

建筑装饰造型设计离不开建筑与环境，在造型的过程中，对环境的美化与污染同时存在。建筑装饰造型设计能够让环境散发出勃勃生机；而建造过程中产生的建筑垃圾，建筑拆除后产生的建筑废料，都会对环境产生不可磨灭的影响，本章在建筑与环境，建筑与文化，建筑的属性等方面做了具体讲述，能够帮助刚接触建筑装饰造型设计专业的读者，对建筑造型有一个初步理解。

思政与思考题

1. 什么是建筑？
2. 建筑的范围有哪些？
3. 建筑装饰设计的基本要素是什么？
4. 建筑装饰的适用性表现在哪里？
5. 建筑装饰造型的核心是什么？
6. 中国古代建筑有什么特点？
7. 西方古代建筑有哪些特色设计？
8. 请简述建筑装饰造型与社会环境的关系。
9. 考察当地革命纪念馆，思考革命纪念馆造型与当地自然环境之间存在哪些关系。
10. 建筑装饰设计对社会主义精神文明建设有哪些推动作用？具体表现在哪些方面？

第二章

建筑装饰平面造型基础

PPT 课件
（扫码下载）

» **学习难度：** ★★★☆☆

» **重点概念：** 点线面元素、建筑形象、创造性、造型

» **章节导读：** 平面造型是建筑装饰造型的重要环节，造型需要通过“点”“线”“面”之间按照一定的规律，进行排列、组合，产生出富有变化的图形，而建筑装饰造型设计正是点、线、面这些基本元素之间的碰撞，产生更多具有设计感的建筑造型。由此可以看出，平面造型是建筑装饰造型设计的基础条件之一。

第一节 平面造型概述

平面造型是在二维平面上将各种形态要素按照一定的美学原则进行创造性的组合。在现代设计中，平面造型具有十分重要的地位，它既可以独立存在，又可以是其他设计辅助的、潜在的表现手段，在实际中应用十分广泛。

平面造型主要研究形体和设计形式的表面形式，要求透过表面看内容。无论是广告、标志、包装、版式等设计（图2-1、图2-2），还是为创造舒适的生活和工作环境而进行的平面艺术设计、装饰装潢设计等；只要是涉及画面的创造、造型和表现技术等基本问题，不论静态或是动态，都需要使用到平面造型。

如果说具有目的的专业设计被称为实用设计，那么平面造型就是基础设计。作为现代设计的重要组成部分，平面造型研究要素及造型规律，通过对视觉要素的理性分析和严格的形式造型训练，培养对形态的创造力和审美能力，为实用设计创造基础条件。

图2-1 古典建筑总的装饰造型

建筑物与湖面距离很近，让人很容易联想到湖景房，而整个版面均采用与水相关的蓝色。

数字、字母与文字的组合设计，在平面造型中十分突出，对重要的文字信息进行放大处理。

（a）

建筑物在整个图中占据三分之二的版面，在视觉上引起了观众的注意。

小字体与大字体产生对比，描述不同的内容，产生强烈的对比。

（b）

图2-2 房地产建筑广告

第二节　平面造型的基本要素

一、点

在数学中，点表示位置，既没有长度也没有宽度，是最小的单位。在平面造型中，点的概念则是相对的，它在对比中存在。不同的点会给人带来不同的感觉，例如，方形点会给人规整、静止、稳定的感觉，中空的点则会显得弱、虚幻、不真实，而内部充实的圆点，给人坚实、醒目的感觉。

1. 点的概念

点既是自然形态，也是人文形态。点千变万化，总体上被分为规则点和不规则点，规则点是具有规则的外形，例如圆点、方点等，不规则的点是任何形态的点，在现实生活中的任何形态缩小到一定的程度就具有点的形态（图2-3、图2-4）。

点的大小、虚实、浓淡、多少的不同，会给人带来不同的视觉感受（图2-5）。

点在画面中数量的多少，会影响画面视觉感受的强弱，整齐的、密集的点就变成了线（图2-6）。

在视觉强度上，点和面积不成正比，太大、太小都会弱化点的感受（图2-7）。

对于点来说，画面中位置和方向非常重要，它影响点的视觉感受和走向，且在对比下相对小的就变成了点（图2-8）。

图2-3　规则的点

图2-3：规则的点一般多是人为的，规则的点给人一种井然有序的秩序感和节奏美。

图2-4　不规则的点

图2-4：不规则的点在大自然中比比皆是，如雨滴、落在地上的小浆果、飘落的花瓣等。

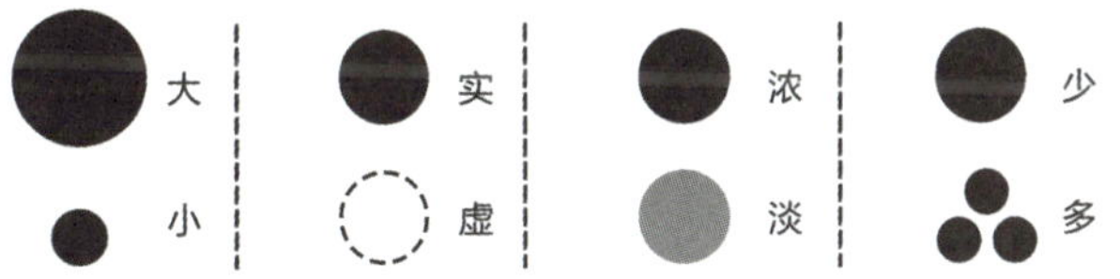

图2-5　不同形态的点的视觉感受

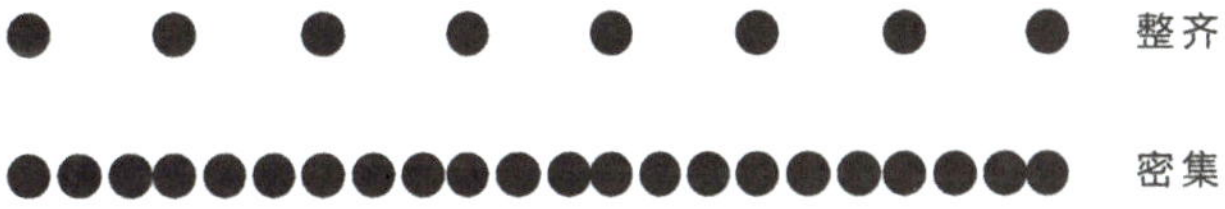

图2-6　点的数量

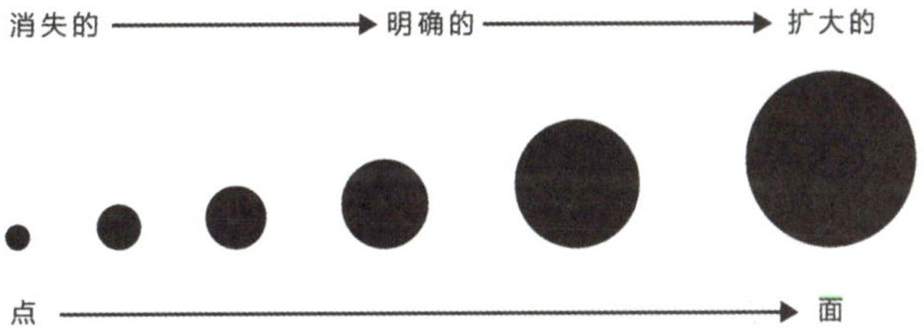

图2-7　点与面积的关系

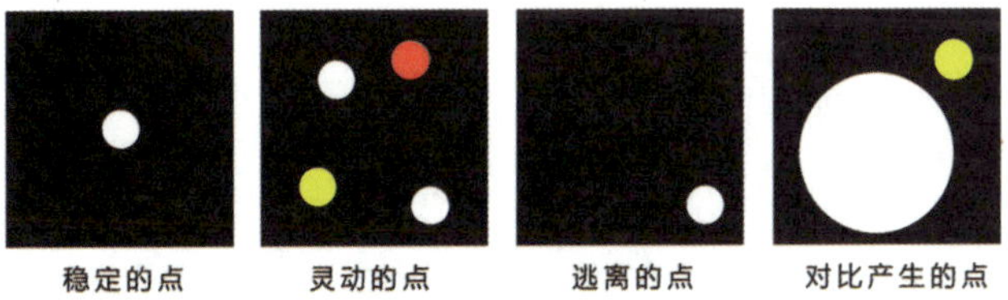

图2-8　点的位置与方向

图2-9 点的表现

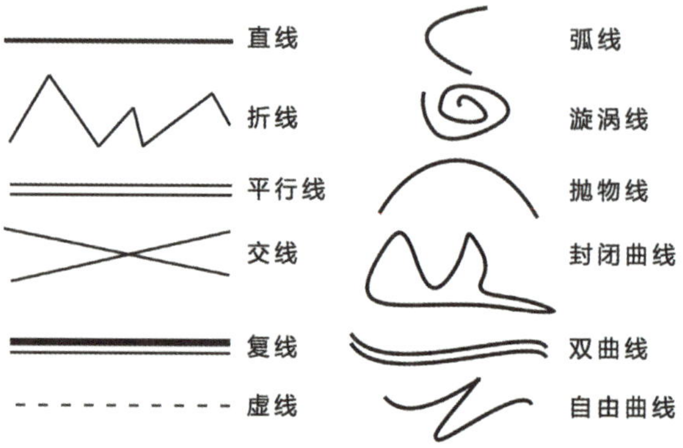

图2-10 直线与曲线

图2-10：一点在平面上或空间上或空间中沿一定方向运动，所形成的轨迹是直线，通过两点只能引出一条直线。

2. 建筑中的点

在建筑外观上，点越小，点的形象越强，在建筑造型上，点是可以被感知的。作为形象出现，即使圆点很大，还是会给人点的感觉，除了圆点，其他形状的点都具有方向性（图2-9）。

二、线

1. 线的概念

在几何学定义中，线是点移动的轨迹，线只有位置和长度，没有宽度和厚度。但从平面造型的角度讲，线既有长度，也有宽度和厚度。现实生活中的视觉形态的线，不仅有宽度，而且有丰富的变化，是敏感和多变的视觉元素，在设计中也起着非常大的作用。线的类型十分复杂，总体可分为直线和曲线（图2-10）。

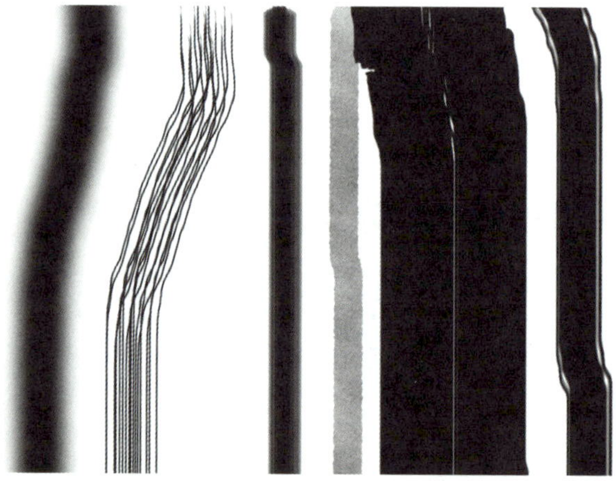
图2-11 线的形态

图2-11：当线在画面上加粗到一定程度，我们就会把它看成面，不同的工具和使用方式使线具有丰富的形态。

2. 线的变化

线是点的移动轨迹，是面与面的交界。从造型的含义上讲，线只能以一定的宽度表现。点、线、面三者可以用过自身的变化切换为对方（图2-11、图2-12）。

图2-12 线的变化

图2-12：点、线、面三者不是绝对存在的。是相对存在的。点的移动轨迹成线，线的移动轨迹则成面。

3. 建筑中的线

在建筑造型中，建筑中的线没有粗细之分，只有长度与方向的变化，线被赋予了表现力。线是造型视觉艺术形象的一种基本造型要素，也是建筑设

图2-13 线的表现

计师表达感情、思想的重要手段。在建筑造型中，线是形成建筑整体造型的轮廓线，又对建筑外形起到装饰作用（图2-13）。

（1）垂直线。垂直线的原始意味是地心的吸引，具有端庄、肃穆、坚定、阳刚、强直、挺拔等性格，形成向下沉落或向上升腾的力感（图2-14）。

（2）水平线。水平线和垂直线能构筑起一种具有秩序性和规则性的、纯粹的、完全的理性空间。在以直线为主，不时穿插曲线的几何体中，这些有纵深感的空间与白色实墙的交替更迭，产生了某种特殊的韵律感和节奏感（图2-15）。

（3）斜线。斜线产生方向上的强烈刺激，具有动态的倾倒、飞跃、冲击和运动方向的力感（图2-16）。

三、面

1. 面的概念

面是由线连续移动而形成的。在视觉上，任何点的扩大聚焦或者线的宽度增加围合都会形成面。

图2-14 岘港大教堂

图2-14：垂直线的建筑造型在视觉上具有高大、挺拔的效果，线条感十足。

图2-15 史密斯住宅

图2-15：史密斯住宅具有十分明显的秩序感，整个建筑中以直线穿插为主，白色的主体与线条富有节奏与韵律感。

图2-16 比萨斜塔

图2-16：斜线在建筑造型中十分少见，最著名的建筑物就是比萨斜塔，具有十分强烈的方向感。

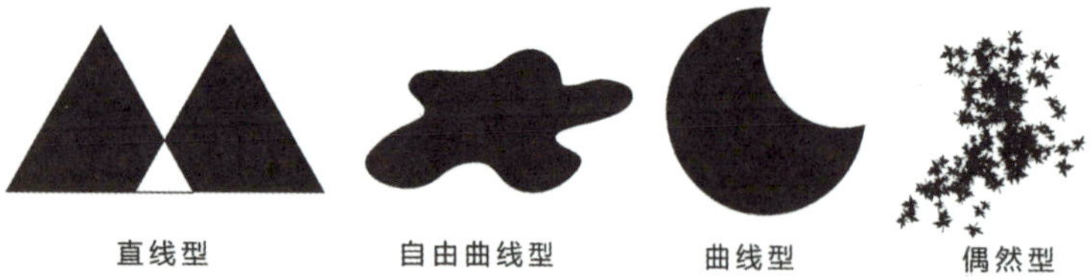

图2-17　面的四种类型

图2-17：面主要有直线型、自由曲线型、曲线型和偶然型四种类型。

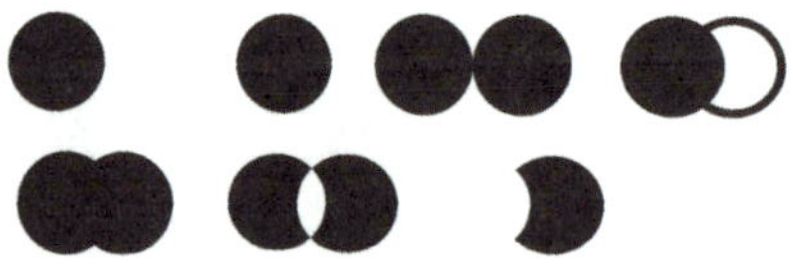

图2-18　面的变化

图2-18：随着不同的面产生的动感变化，能够使画面更加灵动活泼。

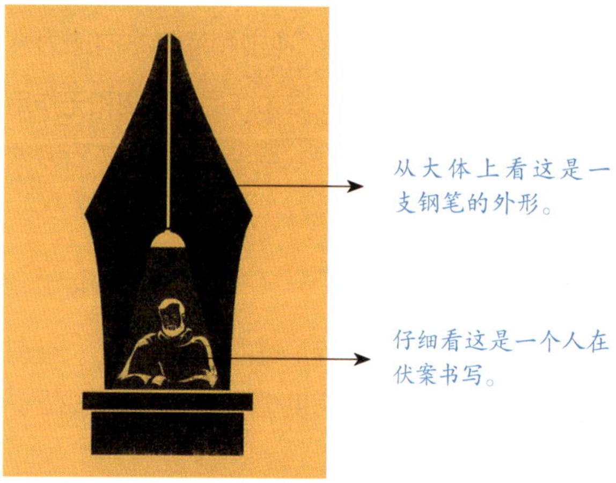

图2-19　面的正形与负形变化

图2-20　面的表现

面给人的最重要的感觉是由于面积而形成的视觉上的充实感（图2-17）。

2. 面的变化

在平面造型中，面的变化很丰富，面与面之间可以分离、相触、重叠、联合、透叠、减缺、差叠、组合成正形与负形（图2-18、图2-19）。

3. 建筑中的面

在建筑造型中，不同形状的面呈现出不同的感觉，面与面之间存在着丰富的变化。在平面造型设计中，点、线、面是最基本的造型要素（图2-20）。

第三节　形象的创造

一、重复

1. 概念

相同或近似的形态和骨格连续地、有规律地、有秩序地反复出现，这种造型形式就是重复。重复造型的形式就是把视觉形象秩序化、整齐化，在图形中呈现出和谐统一的视觉效果。重复造型这种形式来源于生活中的重复现象，如纺织布料、室内地板或地砖等（图2-21、图2-22）。采用重复的造型形式使形象反复出现的作用就是加强对象的视觉记忆。

2. 形式

重复造型可分为四种形式：基本形重复造型、

图2-21 室内纺织布料

图2-21：重复的造型形式，就是要把视觉形象秩序化、整齐化，使设计的画面呈现出统一的、有节奏感的效果。

骨格重复造型、重复骨格与重复基本形的关系、群化造型。

（1）基本形重复造型。基本形就是构图的单位，任何一个点、线、面都可以作为基本形。在设计中连续不断的使用同一单位，称为重复基本形。重复基本形可以使设计产生绝对和谐统一的感觉（图2-23）。

（2）骨格重复造型。骨格重复造型中的骨格就是图形的框架、骨架，使图形有秩序地排列。规律性骨格有两个重要元素：水平线和垂直线。若将骨格线在方向、宽窄、线质上加以变化，就可以得到不同的骨格排列形式。骨格也可以分为有规律性骨格和非规律性骨格两种。规律性骨格是按数学方式进行有秩序排列的，像重复、渐变、近似、发射等造型方法都属于规律性骨格；非规律性骨格是比较自由的造型形式，像对比、变异、密集等都属于非规律性骨格。

在规律性骨格中可以分为作用性骨格和无作用性骨格两种。作用性骨格，每个单元的基本形必须控制在骨格线内，在固定的空间中，按整体形象的需要来安排基本形。无作用性骨格是将基本形单位安排在骨格线的交叉点上，骨格线的交点就是基本形之间的中心距离，当形象完成后即可将骨格线去掉（图2-24）。

（3）重复骨格与重复基本形的关系。重复基本形纳入重复骨格内，用这种表现形式造型的图形具有很强的秩序感和统一感。重复骨格造型所具有的特点是基本形的连续排列，这种排列造型要力求整体形的完美，力求形象之间的重复和有秩序的穿插关系。当基本形和骨格单位都确立之后，我们可以采用多种方法进行设计，不可机械无变化的对待基本形的重复。另外，基本形的重复造型在形式上还分为绝对重复和相对重复两种类型。绝对重复是

图2-22 室外地砖铺装

图2-22：重复的结构和重复的排列有一个共同的特点，就是它们都由两个以上相同元素连续排列成为一个整体，从而使人感到井然有序。

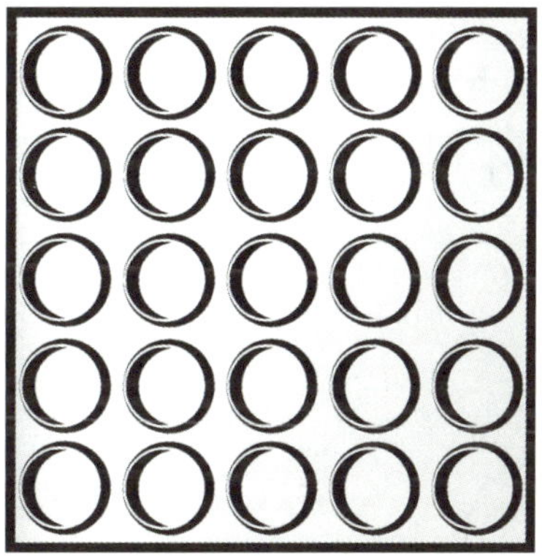

图2-23 基本形重复

图2-23：大的基本形重复，可以产生整体造型的力度。细小密集的基本形重复会产生形态机理的效果。

图2-24 骨格重复

图2-24：在有规律的骨格中，重复骨格是基本的骨格形式。

图2-25　重复基本形与重复骨格

图2-25：距离相等的骨格线，给基本形在方向和位置方面的交换提供了条件，可以进行多方面的变化。

图2-26　重复基本形与重复骨格

图2-26：重复基本形与重复骨格根据形象的需要，可以安排正负形的交替使用，也可以在方向上加以变化。

图2-27　群化造型

图2-27：群化造型可作为标志、标识、符号等设计的一种设计手段。在现代社会中，许多商品的商标、活动指示标识以及公共场所的一些标志多是以符号形式来表达的。

指基本形始终不变的反复使用。相对重复则是指基本形的方向、大小、位置等发生了变化。即在基本形的格线内运用点、线、面进行分割、重复、联合等不同的组合方法来造型（图2-25、图2-26）。

（4）群化造型。群化是基本形重复造型的一种特殊表现形式，具有独立存在的意义。它们有的采用具象图形来表现，有的采用抽象图形来表现。平面设计中基本形的群化造型，正显示出它设计精炼、有力，具有符号性的特点。因此，掌握群化造型的方法和设计规律是非常实用的，也是非常重要的。群化造型须注意基本形要简练、醒目，基本形的边线要整体，不宜变化太大；画面要完整、美观，注意外形的整体效果；基本形的群化造型要紧凑、严密，互相之间可以交错、重叠或透叠，避免松散；造型要简练、概括，形象粗壮有力，避免琐碎的细小变化，防止一些尖角的基本形；同时要注意平衡和稳定的视觉效果（图2-27）。

二、渐变造型

1. 概念

渐变造型是指基本形或骨格逐渐的、有规律的循序变动。它具有很强的节奏感和韵律感。渐变是一种符合规律的自然现象，例如自然界中物体近大远小的透视现象，水中的涟漪等，这些都是有秩序的渐变现象。

2. 形式

（1）基本形的渐变。渐变的形式是多方面的，形象的大小、疏密、粗细、位置、方向、层次等，色彩的深浅、明暗，声音的强弱都可以达到渐变的效果（图2-28、图2-29）。

（2）骨格的渐变。骨格渐变的形式有单元渐变、双元渐变、等级渐变、折线渐变、联合渐变和阴阳渐变。单元渐变也叫作一次元渐变，即仅用骨格的水平线或垂直线作单向序列渐变。双元渐变即两组骨格线同时变化。等级渐变是将骨格作横向或竖向整齐错位移动，产生梯形变化。折线渐变是将竖的或横的骨格线弯曲或弯折。联合渐变是骨格渐变的几种形式互相合并使用，成为较复杂的骨格单位。阴阳渐变则是使骨格宽度扩大成面的感觉，使骨格与空间进行相反的宽度变化，即可形成阴阳、虚实的转换（图2-30）。

三、对比造型

1. 概念

对比造型是一种非常自由的造型方式，它没有固定的骨格线限制，也可以从基本形的大小、粗细等方面入手对比。任何基本形与骨格都可以发生对比，但注意在对比过程中找到它们之间的协调性。

对比能给人灵活和律动的感觉。世间万物都充满着对比，如动与静、高与低、胖与瘦、黑与白、明与暗等。对比造型是造型设计中最重要的原理之一，它有着较强的实用性。对比造型的形式法则被广泛运用于各类建筑装饰设计。对比造型的形式很多，最主要的体现在形象与形象之间的关系，以及形象与空间之间的关系和形象编排的方式。

2. 形式（图2-31）

（1）方向对比。在基本形具备方向性的情况下，采取基本形方向相似或者正反对比（图2-32）。

（2）空间对比。指主体物位于画面的不同位置而形成一种具有空间对比的画面（图2-33）。

（3）聚散对比。是指基本形之间密集和松散的对比，聚散是对比造型的重要环节。要处理好形与形之间的疏密关系，要注意四个方面：一是要有主要的密集点和次要的密集点；二是密集点可以是以点为中心环节，也可以是以线为中心的密集；三要使主要密集点与次要密集点之间产生一定的联系；四是密集形象的运动发展趋势，要形成一定的节奏和韵律（图2-34）。

（4）大小对比。指画面中由基本形的大小形成的对比。大小的排列能引导人们的视觉流程，有利于体现画面的重点（图2-35）。

（5）虚实对比。虚实有利于突出画面的主要物体，虚实是通过基本形与基本形之间对比出来的，没有绝对的虚实对比之分（图2-36）。

（6）明暗对比。任何作品都必须有明暗关系的适当配置（图2-37）。

（7）曲直对比。在某些作品中，过多地使用曲线会产生不安定的感觉，所以在曲线中，适当加入一些垂直线或水平线，能使画面变化丰富（图2-38）。

四、特异造型

1. 概念

特异造型是在规律性骨格和基本形的造型内，变异其中个别骨格

图2-28 圆点渐变

图2-28：圆点的大小、疏密的排列能够产生充满韵律的渐变。

图2-29 颜色渐变

图2-29：颜色渐变是颜色由深到浅的变化。

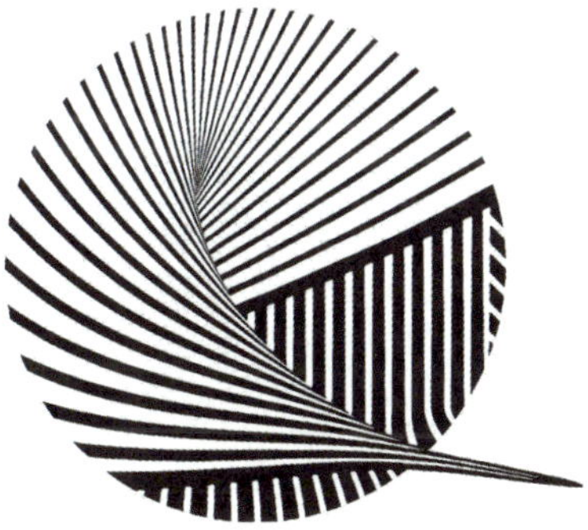

图2-30 骨格渐变

图2-30：在渐变造型中基本形和骨格线的变化非常重要，既不能变得太快，缺少连贯性；又不能变得太慢，重复累赘。只有这样才能使画面有节奏感和韵律感，同时又有空间透视效果。

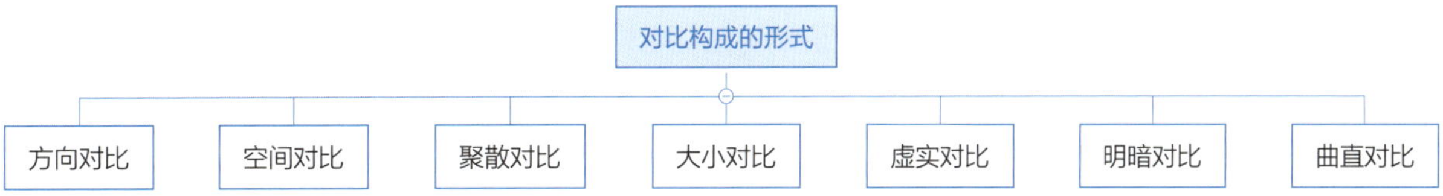

图2-31 对比造型的形式

图2-32 方向对比

图2-32：方向的变化能够使画面产生明显的运动感，能够使形象更加突出。只要是带有长度的一般均具有方向性。

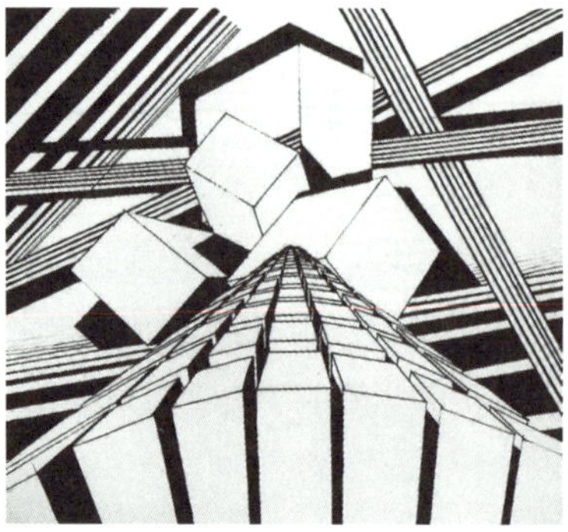

图2-33 空间对比

图2-33：空间对比不仅能够增加画面的深度感还能使版面条理更清晰、主体更突出，除此之外还有可以遐想的空间。

图2-34 聚散对比

图2-34：聚散对比不仅体现了形象与空间的关系，也包含了形象与形象之间的关系。这被称为疏密对比，与空间对比在某种程度上来说有着密切的关联。

图2-35 大小对比

图2-35：大小对比主要涉及形象与形象的关系，这种对比关系比较容易看出画面的主次。可以用小形象来衬托大形象，反之亦然。

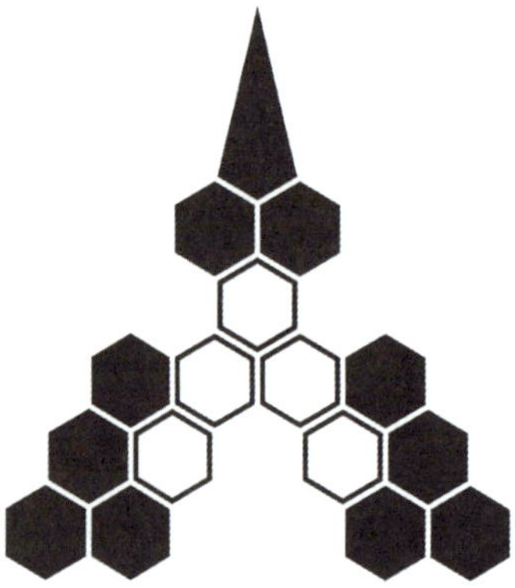

图2-36 虚实对比

图2-36：虚实的巧妙结合，使得实中有虚，虚环抱着实，两者互相交织、穿插造型和谐悦目的图案。虚实对比中虚与实既是相互对立的，又是相辅相成的。

图2-37 明暗对比

图2-37：明暗关系是任何艺术作品都会涉及的对比关系，无论是绘画、摄影，还是书籍装帧、包装、招贴等，都离不开阴暗对比。

或基本形的特征，以突破规律的单调感，使其形成鲜明反差，造成动感，增加趣味。特异是相对的，是在保证整体规律的情况下，小部分与整体秩序不和，但又与规律不失联系。特异的程度可大可小，特异的现象在自然形态中也是普遍存在的，如鹤立鸡群的“鹤”就是一种特异的现象；万绿丛中一点红也是一种色彩的特异现象。

2. 形式

（1）基本形的特异。在重复形式、渐变形式的基础上进行突破或变异，大部分基本形都保持着一种规律，一小部分违反了规律或者秩序，这一小部分就是特异基本形，它能成为视觉中心。基本形特异有两种：一是规律转移；二是规律突破。规律转移是变异基本形彼此

图2-38 曲直对比

图2-38：由于直线、曲线的性格各不相同，所以，对版面的作用也不同。

之间造成一种新的规律，与原来整体规律的基本形有机的排列在一起，称为规律转移的变异。无论从形状、大小、方向、位置等方面进行均可，只有一点必须注意，转移规律丢的部分一定要少于原来整体规律的部分，且彼此要有联系。规律转移中的位置变异要求基本形在位置上加以变化，来形成变异的造型。规律突破则是变异的基本形之间无新的规律产生，无论基本形的形状、大小、位置、方向等各方面都无自身规律，但是它又融于整体规律之中，这就是规律突破。规律突破的部分也应该是越少越好（图2-39）。

（2）骨格特异。在规律性骨格之中，部分骨格单位在形状、大小、位置、方向发生了变异，这就是骨格特异（图2-40）。

（3）形象特异。主要是对自然形象进行整理和概括，夸张其典型性格，提高装饰效果（图2-41、图2-42）。

五、发射特异

1. 概念

发射是一种特殊的重复，是基本形或骨格单位环绕一个或多个中心点向外散开或向内集中。自然界盛开的花朵就属于发射的形状。另外，发射也可以说是一种特殊的渐变。它同渐变一样，骨格和基本形要作有序的变化。发射有两个显著的特征：

（1）发射具有很强的聚焦，这个焦点通常位于画面的中央。

（2）发射有一种深邃的空间感，光学的动感，使所有的图形向中心集中或者由中心向四周扩散。

2. 形式

特异发射有离心式、向心式、同心式、多心式四种形式，且在实际设计中可以组合使用，不同形式发射骨格叠用，或者是不同发射骨格与重复、渐

图2-39　基本形的特异

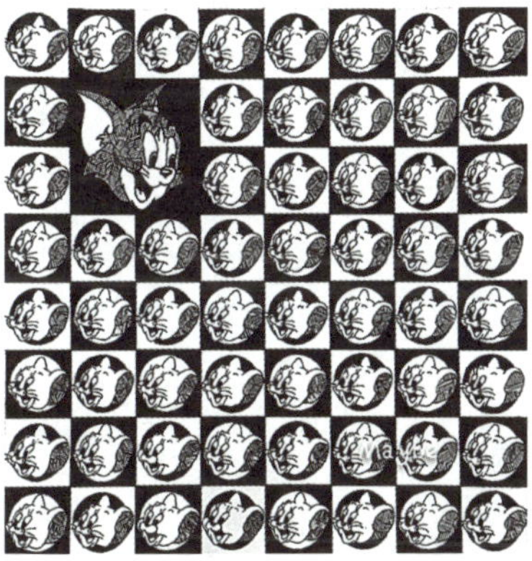

图2-40　骨格特异

图2-39：基本形在形象上的特异，能增加形象的趣味性，使形象更加丰富，并形成衬托关系。

图2-40：骨格中特异部分没有产生新的规律，而是原整体规律在某一局部受到破坏和干扰，这个破坏、干扰的部分就是规律突破，规律突破也是以少为好。

图2-41　形象特异

图2-42　形象特异

图2-41：特异可以像哈哈镜一样，采用压缩、拉长、扭曲形象或局部夸张手段来设计画面，会有意想不到的效果。

图2-42：特异还可以根据画面的视觉效果将形象的部分进行切割，重新拼贴。

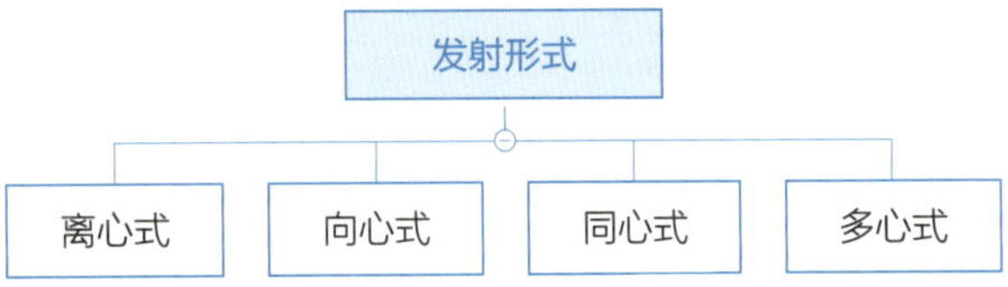

图2-43 发射形式

变骨格叠用都可以取得丰富多变的效果，有强烈的视觉效果。但要注意结构单纯、清晰、有序，方能取得良好的视觉效果（图2-43）。

（1）离心式。基本形由中心向外扩散，发射点一般在画面的中心，有向外运动的感觉，是运用较多的一种发射形式。由于基本形的不同，它有直线发射和曲线发射等不同的表现形式（图2-44）。

（2）向心式。基本形由四周向中心归拢，形成发射点在画面外的效果（图2-45）。

（3）同心式。基本形层层环绕一个中心，每层形的数量不断增加，实际上是扩大的结构，扩散的形式（图2-46）。

（4）多心式。基本形以多个中心为发射点，形成丰富的发射集团（图2-47）。

图2-44 离心式发射

图2-44：直线发射就是从发射中心以直线向外发射、扩散的造型，其射线使人感到强而有力，有闪电的效果。

图2-45 向心式发射

图2-45：向心式发射与离心式发射是两种完全相反的发射骨格。

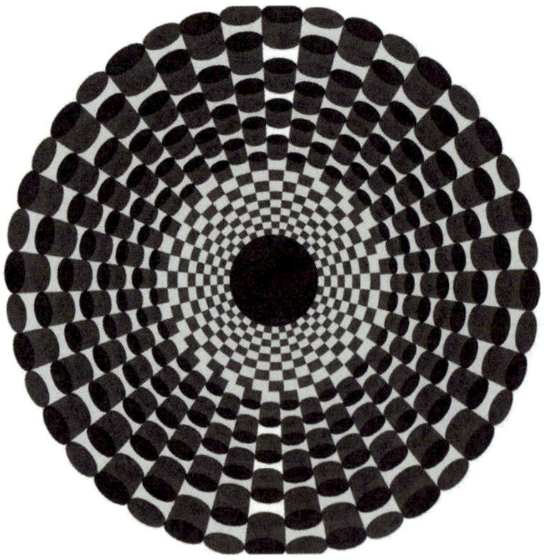

图2-46 同心式发射

图2-46：同心式发射造型，由于主要放射线都集中在一起，格式变动有较大的局限性，所以在应用时可以结合其他形式，使画面效果更加丰富。

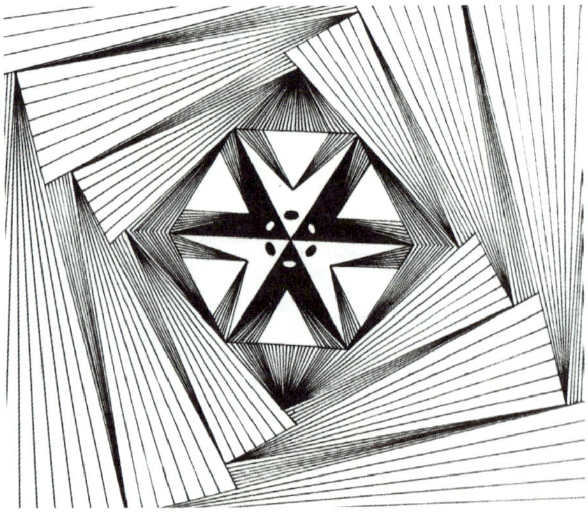

图2-47 多心式发射

图2-47：多心式造型效果具有明显的起伏状，空间感也很强，画面十分丰富。

第四节　肌理

大自然是一个庞大的材料库。树叶、石头、毛皮、木材……多不胜数。当然每种材料在不同的状态下有各种各样的变化，每个类别里也有上万种具体的形态。自然材料经过加工处理后，就形成了人造物的丰富材料和物品库。以泥土来举例，经过煅烧之后，变成了陶、瓷、水泥等。无论何种形式的建筑装饰都会用到特定的材料来表现肌理（图2-48）。

肌理指形象表面的纹理。肌理又称质感，由于物体的材料不同，表面的组织、排列、构造各不相同，因而产生粗糙感、光滑感、软硬感。肌理是理想的表面特征。肌理造型即指将不同物质表面的肌理通过一定的手段进行造型设计，是一种技法，注重制作手段，随意性很大，注重变化和美感。

肌理的手法是多种多样的，可以用画、洒、泼、染、熏烧、拓印、贴压、剪刮等手法来制作。可以用的材料也有很多，如石头、木头、玻璃、面料、油漆、海绵、纸张、颜料、化学试剂等。

在现代造型和设计中，材料的综合处理给创意带来了很大的发挥空间，因此，必须长期保持对材料的敏感，寻找新材料的表现力。对材料肌理和质感的探求可以多方借鉴，可以借鉴影视、建筑、室内设计、绘画等艺术形式，也要不断尝试，反复推敲，发现新的肌理和效果。以轻松的心态来发现建筑装饰的肌理，寻找新的质感效果。材料的肌理和质感的应用要考虑目的和需要，不要只顾吸引注意力，产生过度设计。现成材料的肌理和质感应用虽然容易，表现力强，但不能忽视点、线、面的处理带来的微妙的层次和质感的变化。

图2-48　陶瓷马赛克铺装

图2-48：宗教寺庙的大堂墙面，铺装定制生产的陶瓷马赛克，形成体量感很强的肌理效果。

第五节　案例分析：平面造型设计（扫码下载案例）

案例二维码

本章小结

平面造型是所有设计造型的基础，主要解决在造型设计中摆放形体元素的位置、大小和方式，这些元素然后获得美感，满足大众的审美需求，其中关键因素在于形体对比图形元素的穿插，有对比才有视觉冲击力，给人留下深刻的印象，图形元素相互穿插无画面效果，将平淡的设计元素变得丰富多彩。

思政与思考题

1. 在建筑装饰造型中，平面造型的作用是什么？
2. 平面造型的基本要素是什么？
3. 请简要概述“点、线、面”在建筑装饰造型中的意义。
4. 在平面造型中，重复造型具有什么样的视觉效果？
5. 在平面造型中，渐变造型给建筑造型带来什么样的优势？
6. 在平面造型中，对比造型与重复造型是否能够存在于同一个建筑造型中？
7. 常见的形象组织规律有哪几种类型？
8. 如何利用基本要素进行形象创造，其造型方式有哪些？
9. 考察当地政府机关建筑门前广场地面，考虑如何在地面铺装图案中体现出肌理的变化？
10. 重复与群化在红色纪念建筑造型中十分常见，请举例说明。

第三章

建筑装饰色彩基础

PPT 课件

» 学习难度：★★★☆☆

» 重点概念：色彩原理、对比效果、调和方式、色彩心理、搭配

» 章节导读：建筑在没有经过装饰之前，只有钢筋水泥的颜色，整个建筑呈现出灰度。在建筑上加入色彩后，能够获得鲜明的视觉感受。而一些著名的建筑造型设计，人们仅从颜色上就能区分出来。色彩可以结合造型，强化造型的寓意并解释信息，增强图像的表现力，烘托出特有的情感氛围。因此，色彩是建筑装饰造型设计中不可缺少的元素。作为一名优秀的设计师，需要对色彩具有敏锐的观察力，把握色彩在每一个造型中的良好配置。在这一章节中，通过对色彩的学习，帮助设计师提升对色彩的感知与运用。

第一节 色彩概述光与色

对于设计来说，色彩具有强烈的吸引力。在进一步为建筑装饰造型设计服务时，色彩可以结合造型，强化造型的寓意并解释信息增强图像的表现力，烘托出特有的情感氛围。因此，色彩是设计传递信息表达情感不可缺少的角色，色彩是感性和理性的统一。作为一个设计者必须熟悉色彩、了解色彩、把握色彩的特性，使色彩规律融入人们的心里，进而可以随心所欲地为己所用。

一、光谱

17世纪，英国物理学家牛顿做了一个非常著名的实验，他将一束日光引入一间暗室，将其通过三棱镜投射到一个白色的屏幕上。这时，光线奇妙的被分解为红、橙、黄、绿、青、蓝、紫七种美丽的色带，而这些色带再次通过三棱镜时就不能被分解了，如果将这些色光再通过三棱镜，则又还原为白光（图3-1）。通过对光谱的认识，我们就可以科学地解释彩虹带给我们的绮丽景象了。彩虹是雨后阳光射到水滴里折射后产生的光学现象。与牛顿的三棱镜实验同理，由于每种色光的波长不同，折射率不同，当它们同时通过可以分光的物质后便被还原成其本色。

图3-1 三棱镜试验

图3-1：日光是由红、橙、黄、绿、青、蓝、紫这七种色光混合而成。这种通过各种分光仪器将光线分解的现象叫作色散，而通过色散后色光按照波长大小依次排列形成的色带被称作光谱。

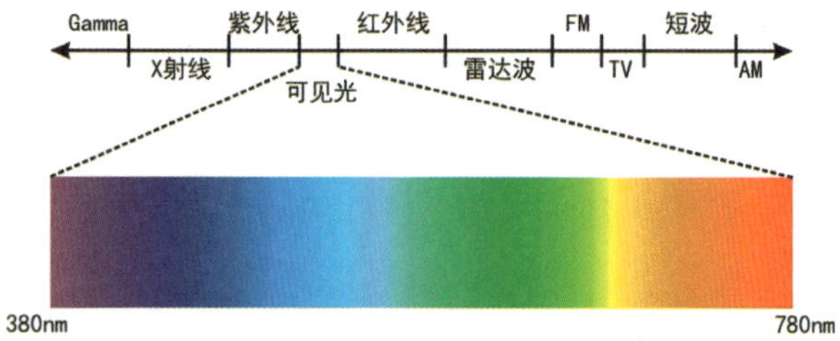

图3-2 电磁波谱

图3-2：用三棱镜分解太阳光形成的光谱，是人类眼睛所能看到的范围。其波长从最长的红色光波约780nm依次缩短到紫色光波约380nm，这个区域为可见光谱，也就是我们人类所能看到的颜色。

二、可见光与不可见光

在物理学上，光是由一种微粒构成的，是客观物质，它属于电磁波其中的一种形式。它主要由波长和振幅两个因素构成。波长的长短决定各种色光呈现出何种颜色，而振幅主要决定色光的明亮程度，振幅越宽，光线越亮，反之亦然。

并不是所有的光都有色彩，只有波长在380～780nm的电磁波才有色彩，被称为可见光。其余波长的电磁波都是人眼看不到的光，统称为不可见光（图3-2）。

三、单色光和复色光

在牛顿之前，有些学者认为白色是最简单的光线。牛顿用三棱镜把白光分解为红、橙、黄、绿、青、蓝、紫色光，如果在光线分散的途中加一块凸透镜，使分散的光线在凸透镜与映幕之间的某一点集中，而集中的这一点则又是白色光，所以白色光为复色光。如果将三棱镜分解的红、橙、黄、绿、青、蓝、紫任意一种色光再穿过三棱镜，则银幕上仍是原来的色光，三棱镜不能再将其分解。这种不能再分解的光称为单色光。

第二节　色彩的多样性

一、固有色

通常情况下，人们习惯把阳光下物体呈现的色彩效果总和称为固有色。固有色也是人们对于物体色彩经过提炼和高度概括的结果。其实，生活中物体所呈现的色彩并不是固定不变的，它们经常会受到光源色和环境色的影响。在艺术领域中，画家常常否认固有色的存在，更加注重光源色和环境色对物体的影响，因为他们需要真实地再现自然。而设计师则强调固有色的存在，认为固有色比物体色更加概括凝练，能反映事物的本质（图3-3）。

二、光源色

人们看到的物体的色彩，总是在某种光源下产生的，因而经常会受到光源色色彩倾向的影响。能够自行发光的物体被称作光源。如阳光、火光、烛光等光源，它们都能呈现出色彩各异的有色光，因此，我们把它们称为光源色。建筑在阳光的照射下，能呈现出迷人的色彩。

所有物体总是在一定光源照射下被人眼所感知的，由于光照色的不同，会在很大程度上影响物体的颜色。例如，在日光照射下，白色的建筑墙面十分刺眼，而在夜间橘黄灯光照射下，白色的墙面则呈现出暖黄色，十分柔和；白色墙面，在日光照射下呈白色，而在红色光源照射下呈红色（图3-4）。

在不同光源的照射下，建筑呈现出不同的色彩，这是由于光源色的不同而形成的不同景象。因此，设计师在建筑造型设计中，应当充分利用光源色设计，散发出建筑的魅力。同时，也要注意不同光源带来的视觉效果，对建筑所处的环境带来的影响。

普通灯泡的光因所含黄色和橙色波长的光多而呈现黄色味；普通荧光灯所含蓝色波长的光多则呈蓝色味。因此，认识物体色之前需要首先分析光源的色彩倾向（图3-5）。光源色的光亮强度对物体色彩也会产生影响，强光照射下的物体色彩会变淡，弱光照射下的物体色彩会变模糊、灰暗，只有在中等强度的光线照射下的物体色彩才会最清晰、色彩变化最小。

（a）阳光下的南瓜

（b）设计师概括出的南瓜

图3-3　南瓜固有色

图3-3（a）：固有色也就是物体本身所呈现的固有的色彩，对固有色的把握，主要是准确把握物体的色相。

图3-3（b）：在设计上固有色能够更直观地反映出所要表达的信息。

（a）日光照射

（b）灯光照射

图3-4 光源对建筑的色彩影响

（a）强光照射

（b）弱光照射

图3-5 强弱光线照射对建筑物的影响

图3-5（a）：在强光的照射下，装饰造型的色彩低于同类型的其他造型，但是在整体造型中更为突出。
图3-5（b）：在弱光的照射下，图中的建筑模型十分模糊，只能看到大概的造型与分布，建筑模型不清晰。

光源可分为自然光源和人工光源两种。太阳光是最常见的自然光源，月光、火光、萤火虫的荧光等都为自然界点划出美丽的色彩。随着科技的日新月异，人造光源的功能也不仅仅局限在照明方面，在舞台美术、装置艺术、渲染商业娱乐氛围等方面也发挥着重要的作用。

三、物体色

我们看到的色，无论是动植物上的色、服饰上的色还是建筑物上的色，几乎都是取决于光源光、反射光、透射光的复合色光。人们把这样的色特别命名为物体色，以与自己发光的光源色相区别。物体色具体是指光源色经过物体的有选择地吸收和反射，反映到人的视觉中的光色感觉。物体本身并不发光，但都具有对各种波长的光有选择地吸收、反射或投射的特性。因而，形成了千变万化的各不相同的物体色彩。但是物体色不是一成不变的，光源色的改变也会使物体色发生变化。

物体色的饱和度取决于物体表面的肌理效果。若物体表面光滑如镜，反射光线都向一个方向反射，这种有规律的反射现象称作镜面反射，这时物体表面颜色接近光源色的纯度（图3-6）。若物体表面粗糙不平，反射光向各个方向反射，没有规律，这种反射称为漫反射，光能在多种反射中被消耗，物体纯度低于投射光纯度。因此我们说可见物体色

图3-6　建筑色彩

图3-6：当光线照射到物体上，由于物体固有色的不同，表面材质肌理不同，物体会产生吸收、反射、透射等光学现象。物体大体分为透明体和不透明体两类，透明体所呈现的色彩，是由它所透射的色光决定的；不透明体所呈现的色彩，则是由它所反射的色光决定的。

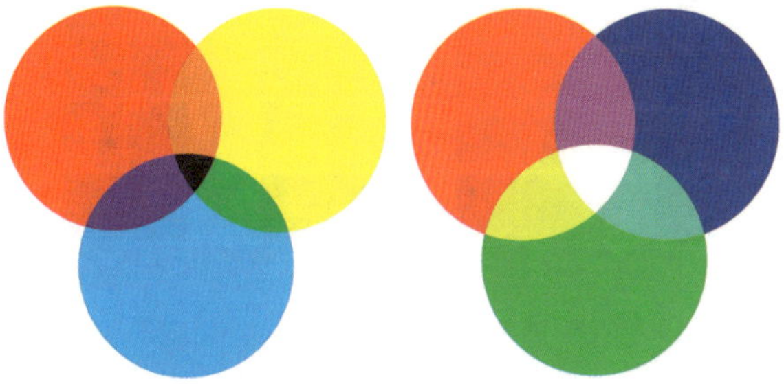

（a）颜料三原色　　（b）色光三原色

图3-7　三原色

图3-7（a）：彩色印刷的油墨调配、彩色照片的原理及生产、彩色打印机设计以及实际应用，都以黄、品红、青为三原色。

图3-7（b）：在色光三原色中光线会越加越亮，两两混合可以得到更亮的中间色。

的饱和度是由物体表面反射的光量所决定的。

四、三原色

色彩三原色分为颜料三原色和色光三原色（图3-7）。颜料三原色是品红、柠檬黄、湖蓝，两种原色相混得到的是间色，如红色＋黄色＝橙色，三种原色按一定比例相混时，所得到的色是复色，如红色＋黄色＋蓝色＝黑灰色。色光三原色由朱红、翠绿、蓝紫组成，这三个色光都不能用其他别的色光相混而生，却可以互混出其他任何色光。

第三节　色彩的分类与表示方法

一、色彩的分类

1. 彩色系

彩色系是指包括在可见光中的所有色彩，它以红、橙、黄、绿、青、蓝、紫为基本色。基本色之间不同量的混合，基本色与无彩色之间的不同量的混合等，所产生的众多的色彩都属于彩色系。彩色系中的各种彩色的性质，都是由光的波长和振幅决定的。波长决定色相，振幅决定包括明度和纯度的色调。彩色系中的任何一种颜色，都具有色相、明度和纯度三种属性。

2. 无彩色系

无彩色系是指黑色、白色及由黑白两色相混而成的各种深浅不同的灰色系列，其中黑色和白色是单纯的色彩，而由黑色、白色混合形成的灰色，却有着各种深浅的不同。按照一定的变化规律，由白色渐变到浅灰、中灰、深灰到黑色，色彩学统称为黑白系列（图3-8）。

3. 互补色

当两种色光相混合，其结果为白光时，我们就

图3-8 无彩色系

图3-8：无色系中的颜色只有一种基本性质，那就是明度。

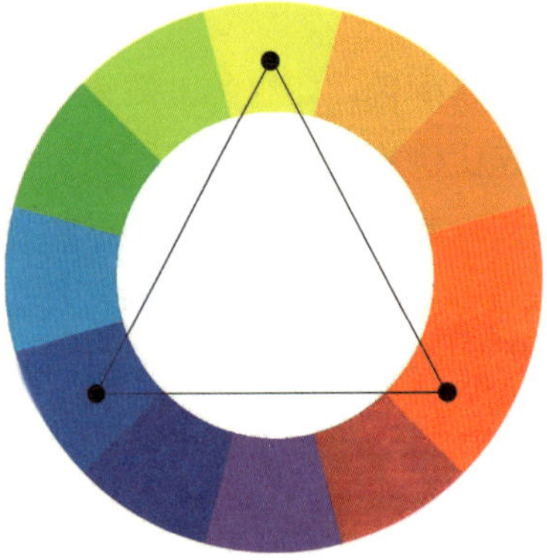

图3-9 互补色

图3-9：在三原色当中，一个原色与其他两种原色相混得出的间色之间的色彩关系，也称为互补关系。

图3-10 色环

图3-10：色环是在彩色光谱中所见的长条形的色彩序列，只是将首尾连接在一起，使红色连接到另一端的紫色，色环通常包括12种不同的颜色。

图3-11 色立体

图3-11：构成色立体的立体坐标的三要素分别是色相、纯度和明度。

称这两种色光为互补色光。当两种颜色按一定比例相混合，其结果是无彩色的黑、灰时，这两种颜色就称为互补色（图3-9）。

二、表示方法

为了研究和运用色彩，就需要将色彩按照一定的规律和秩序排列起来，构成一个较为直观、科学、系统的色彩体系。牛顿曾把白光分解后的色彩头尾相接，形成一个圆环，并定名为色环（图3-10），这是最早的色彩表示方法。

1772年，拉姆伯特提出了色彩的金字塔式表示法的概念，栾琴提出了色彩的球体概念等。然后经过300年来不断的探索与完善，形成了现在的色彩表示形式，即色立体（图3-11）。

色立体是把色彩的三属性，有系统的排列组合成一个立体形状的色彩结构。色立体对于整体色彩的整理、分类、表示、记述以及色彩的观察、表达及有效应用，都有很大的帮助。

色立体的空间立体模型形状有很多种，他们的共同特点是近似地球的外形。色立体的基本结构，即以明度阶段为中心垂直轴，往上明度渐高，以白色为顶点，往下明度渐低，直到黑色为止。其次由明度轴向外做出水平方向的彩度阶段，越接近明度轴，彩度越低；越远离明度轴，彩度越高。

各明度阶段都有同明度的彩度阶段向外延伸，因此形成某一种色相的等色相面。以明度阶段为中心轴，将各色相的等色相面，按红、橙、黄、绿等顺序排列成一放射状的结构，便形成了我们所说的色立体。

在全球，自制国际标准色的国家有三个，它们分别是美国的蒙塞尔（Munsell）、德国的奥斯特瓦尔德（Ostwald）及日本色彩研所（P.C.C.S）。

第四节 色彩的混合

自然界中大部分颜色都是由几种基本的颜色混合合成，这几种基本色称为三原色，原色不能由其他颜色混合而成。所谓色彩混合是指两种或者两种以上的颜色相互混合生成新色彩的方式，它主要包括加法混合、减法混合以及中性混合（图3-12）。将这几种色彩混合方式运用到建筑装饰造型设计中，能够产生意想不到的效果。

一、加色混合

加色混合又称为色光混合，是指色光之间的相互混合。它属于分光的、非物质性的混合。两种以上的色光混合在一起，光亮度会提高，混合色的总亮度等于相混各色光亮度之和。

色光三原色是朱红、翠绿、蓝紫，这三种色光不能由其他色光混合得出，它们按一定比例调和可得出白光，其中朱红加翠绿得出柠檬黄、翠绿加蓝紫得出青蓝、朱红加蓝紫得出玫红。其中一种原色光与另外两种原色光混合后的间色光是互补色光，因为它们混合后可得到白光。在这种混合模式中掌握好比例、明度、纯度，就可营造出千变万化的色彩光影效果（图3-13、图3-14）。

二、减色混合

减色混合又称为色料混合。由于颜料一般附着在不能发光的物体上，这时被人眼感知到的物体色是经过吸收、反射后进入视觉中枢的色彩知觉。色料间混合后吸光性增强，反光力减弱，因此反射到眼睛里的色彩明度会有所降低，所以称为减色混合。色料混合的基本原理是，混合次数越多，纯度越低，明度越低。它主要包括色料直接混合和透明

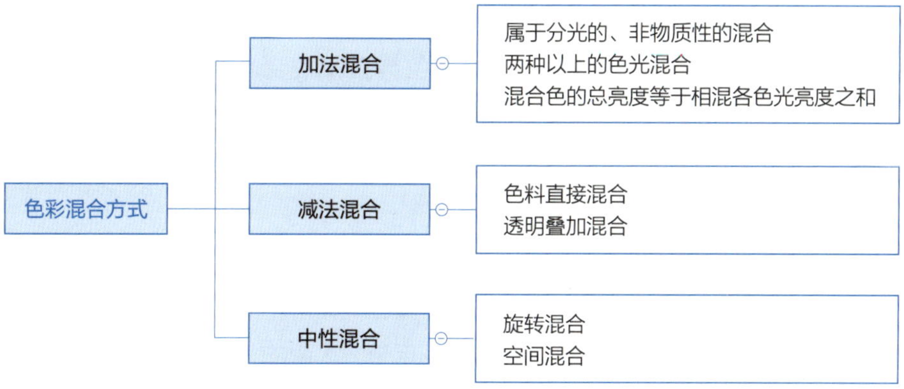

图3-12 色光混合方式

图3-13 LED灯装饰

图3-13：如今，随着科技发展，以LED灯作为色彩装置艺术的表现形式也逐渐流行起来。

图3-14 橱窗展示

图3-14：加色混合主要应用于光电显示媒体、舞台美术、建筑环境灯光设计、橱窗展示设计等领域。

图3-15 建筑外观色彩

图3-15：在实际运用中，各种绘画颜料等都属于减法混合模式。在城堡式的建筑中，具有童话般的橙色与蓝色被运用到建筑外观造型设计中，在视觉上具有冲击力与表现力。

图3-16 透明叠加混合应用

图3-16：由于叠加后可透过的光量减少，反射到眼睛的色彩明度也会相应降低，所以这种混合方式也被归入减法混合的范畴。

叠加混合两种方式。

色料混合是由颜料三原色品红、柠檬黄、青蓝直接混合，通过三原色混合我们可调配出许多其他颜色，但三原色不能被其他色混合而获得。因此，这三种原色也被称作“一次色”；单原色任意两种颜色混合后得到朱红、翠绿、蓝紫，它们叫作“间色”或“二次色”；选一种原色与另外两种原色混色混合后得到“复色”或“三次色”。三原色按比例混合后可调出黑色或深灰色。如果一种原色与其对应的间色混合后得出黑色，那么这两种颜色被称为颜料互补色。在几种主要色相中有三组基本色料互补色：黄色与紫色；红色与绿色；蓝色与橙色（图3-15）。

透明叠加混合主要是透明物体间色彩叠加的混合方式。水彩颜料、油墨、彩色玻璃、透明度较高的材料、有机玻璃等被称为透明色料，它们叠加后如同色料直接混合，可得到新的色彩感（图3-16）。

三、中性混合

在加色与减色混合中，所有颜色都是经过调配成某一种色彩后传入人眼的，而中性混合事先并未完全混合，它是在一定外部条件下通过视觉作用混合形成。这种发生在视觉之外的混合，属于物理混合。另一种情况就是，色彩在进入人的视觉前没有混合，混合是人在观看色彩的过程中，在视觉中产生的。这种混合属于生理混合。

由于这种视觉上的混合没有明度上的增减，它所得到的亮度为各色的中间值，因此被称为“中性混合”。中性混合包括两种混合方式：空间混合和旋转混合。

1. 空间混合

空间混合也称并置混合，是指把两种或两种以上的色彩并置在一起，由于我们视觉生理上的限制，经过一定的空间距离，这些色彩会在我们的视网膜上发生混合。色块越小，就越容易发生混合；离画面越远，也越容易发生混合。由于空间混合是在人的视觉内完成的混合，颜色本身并没有真正的混合，因此在观看时必须要保持一定的空间距离。因为空间距离能增加一定的光刺激，会使人忽视细节而把握整体。从原理上分析，空间混合与色光混合十分接近，同样的颜色，用空间混合的方法达到的混色效果比用颜料直接混合的效果要更加生动、明亮。空间混合的效果主要取决于两个方面。一是色点面积的大小。空间混合采用的色点，可以是方形、圆形、线形、不规则形等，但混合的效果并不在于形状，而在于大小。色点越小，混合的色彩越细腻、越丰富，形象也就越清晰。二是空间距离的大小。空间距离越小，色彩的整体形象就越不清晰，只能看到色点，却不知表现的是什么内容；而空间距离越大，色彩混合的整体效果就越好，色彩感和形象感才会在人的视觉内完成的更加充分（图3-17）。

2. 旋转混合

将两种或两种以上的色彩并置于圆盘上，并使其快速旋转，我们会感受到另一种单一的新色彩产生。这是由于速度原因造成的。这种现象称为旋转混合。这是由于在色盘转动过程中，当第一种色彩的刺激在视网膜上尚未消失之前，第二种色彩已经发生作用；第二种色彩尚未消失，第三种色彩又发生作用。不同色彩的不断、快速刺激，就在人的视觉中产生了混合色。旋转混合的效果在色相方面与加色混合的规律相似，但在明度上却是相互混合的各种颜色的平均值。

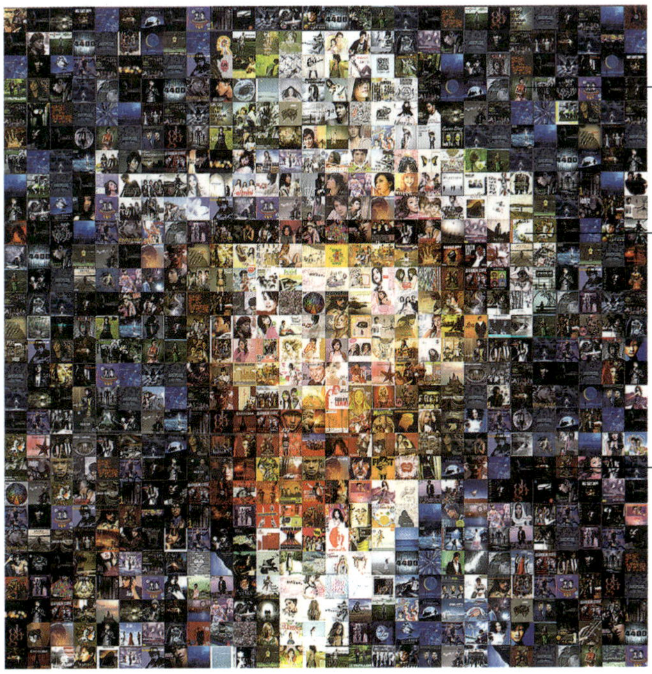

近看每个小格子都是一张海报或照片。

放远看上千张海报或照片拼成了一幅名画作品。

法国后期印象派的点彩风格、网点印刷、纺织品设计中的经纬并置等都是利用空间混合这一原理完成的。

图3-17　空间色彩混合作品

第五节　色彩的对比

一、色相对比

不同颜色并置，在比较中呈现色相的差异，被称为色相对比。在色相环中，色彩间隔距离大小决定论色相对比组合的强弱关系。在色相环上，红、黄、蓝是不能由其他颜色混合出来的原色。而三原色之间按照一定的比例混合即可得到色相环上其他全部颜色。红、黄、蓝表现出最强烈的色相特征，是色相对比的极端。

1. 原色对比

红、黄、蓝三原色是色相环上最极端的三个颜色，表现出了最强烈的色相气质，它们之间的对比属于最强的色相对比。例如用原色来控制色彩，会使人感到强烈的色彩冲突（图3-18）。

2. 间色对比

间色也被称为“二次色”，在调配时由于原色在分量上有所不同所以可以产生丰富的间色变化。橙色、绿色、紫色作为原色相混所得的间色，色相相对略显柔和。在自然界中植物的色彩呈间色为多（图3-19）。

3. 补色对比

在色相环直径两端的色为补色。确定两种颜色是否为互补关系，最好的方法就是将他们相混，看是否能产生中性灰色，如达不到就要对色相成分进行调整才能找到准确的补色。一对补色并置在一起，可以使对方的色彩更加鲜明（图3-20）。补色对比的对立性促使对立双方的色相更加鲜明。

4. 邻近色对比

色相环上任意一色的相邻色为邻近色（色彩在色相环的间隔在30°以内），邻近色色相相差很小，色彩对比非常微弱，接近于同一色相的搭配，

图3-18　牌坊

图3-18：红、黄、蓝三原色在传统中式建筑中十分常见，例如民间的牌坊设计，具有强烈的视觉冲击力。

图3-19　自然界中的间色对比

图3-19：果实的橙黄色、紫色的花朵等，绿与橙、绿与紫的对比都是活泼鲜明具有天然美的配色。

（a）黄紫对比　　（b）红绿对比

图3-20　补色对比

图3-20（a）：黄紫色对比由于明暗对比强烈，色彩个性悬殊，是补色中最突出的一对。

图3-20（b）：红绿色对比由于明度接近，冷暖对比居中，因而相互强调的作用非常明显。

如黄与微绿黄、黄与微橙黄。虽然色彩调和，但画面配色单调，必须借助明度和纯度的变化或者点缀少量对比色来增加变化。

5. 色相环上间隔在30°~60°以内的色组对比

如黄与绿味黄，黄与黄味绿。类似色的色差比邻近色稍大，但仍保持着色彩上的绝对统一性，主色调倾向明确，又富有一定的变化，是较为常用的色彩造型的方法。如果适当的变化其明度和纯度或点缀少量的对比色，就能取得较为理想的效果。

二、明度对比

明度对比主要指由色彩明暗程度差别而形成的对比。在明度对比中，可以是同一种色相的明暗对比，也可以是多种色相的明暗对比。人眼对明度的对比最敏感，明度对比对视觉的影响力也最大、最基本。将不同明度的两个色并置在一起时便会产生明的更明，暗的更暗的色彩现象。如黄色与紫色并置，会很明显地感觉到黄色比原来更亮，而紫色比原来更暗。同一色彩，当其周围的环境发生改变时，其产生的明暗关系也会给人不同的感觉。如把一个灰色置于白底之上，此时灰色看上去比较暗，而移到黑底之上灰色似乎又变得亮了起来。

如图3-21所示，不同色彩间明度差的大小决定着明度对比的强弱。以黑、白、灰系列的9个明度阶梯为基本标准可进行明暗对比强弱的划分。

色彩间明度差别的大小决定着明度对比的强弱，凡是色彩的明度差在3个级数差以内的对比为明度弱对比，由于这种对比的关系在明度阶段轴上的距离较近，所以又称短调对比；5个级数差以外的对比称明度强对比，由于这种对比关系在明度轴上距离比较远，又称长调对比；3~5个级数差之内的为明度的中对比，又称中调对比。

在明度对比中，如果其中面积最大、作用也最强的色彩或色组属高调色，同时又存在着强明度差，这样的明度基调可以称为高长调。依此类推，如果画面主要的色彩属中调色，色的对比属短调，那么整组对比就称为中短调。按这种方法，大致可划分为10种明度调子：高长调、高中调、高短调、中长调、中中调、中短调、低长调，低中调、低短调、最长调。第一个字都代表着画面中主要的色或色组（图3-22~图3-24）。

靠近白的3级（7、8、9）称高调色，靠近黑的3级（1、2、3）称低调色，中间3级（4、5、6）称中调色。

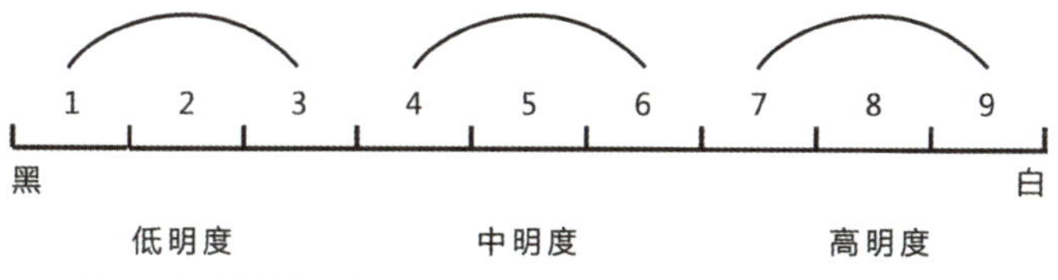

图3-21　明度调子划分图

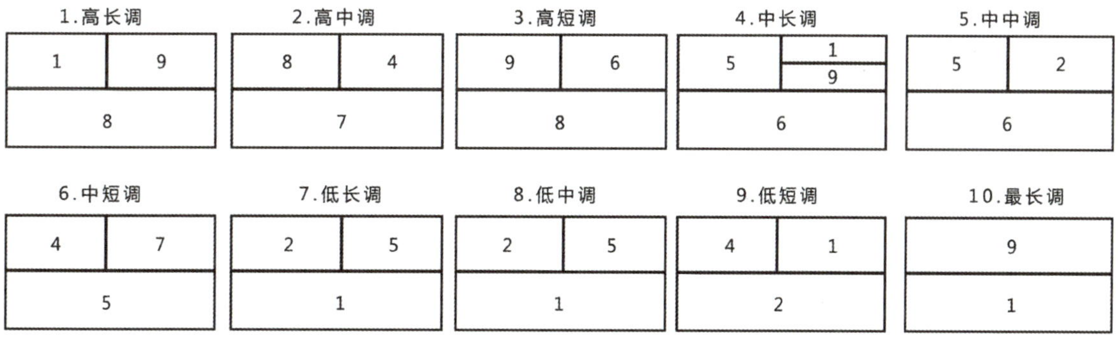

图3-22　明度基调

图3-23　无色系明度对比（一）

图3-23：高长调可以由黑、白、灰三色组成，中间短调具有如做梦似的薄暮感，显得含蓄，模糊而平板。低长调较强烈，有爆发性，具有苦恼和苦闷感。低短调则薄暗，低沉，具有死一般的忧郁感。

图3-24　无色系明度对比（二）

图3-24：一般来说，高调愉快、活泼、柔软、弱、辉煌、轻；低调朴素、丰富、迟钝、重、雄大有寂寞感。明度对比较强时，光感强，形象的清晰程度高，锐利，不容易出现误差。明度对比弱、不明朗、模糊不清，则显得柔和静寂、柔软含混、单薄、晦暗、形象不易看清，效果不好。

补充要点

各个明度调子的对比及特点（表3-1）

表3-1　各个明度调子的对比及特点

名称	对比	特点
高短调	高调的弱对比效果，色彩效果极其明亮，形象分辨力差	优雅、轻柔、高贵、软弱，设计中常用作女性色彩
高中调	以高调色为主的中强度对比	色彩效果明亮、欢快、明朗又安稳
高长调	反差大、对比强	色彩效果明亮、形象的清晰度高，有积极活泼、刺激明快之感
中短调	中间灰调的明度弱对比	色彩效果朦胧、含蓄、模糊、深奥、同时又显得平板，清晰度也极差
中中调	中间灰调的明度中对比	色彩效果饱满，有丰富含蓄的感觉
中长调	中灰色调的明度强对比	色彩效果充实、深刻、力度感强，有丰富、饱满的感觉，给人以强健的男性色彩效果
低短调	暗色调的明度弱对比	色彩效果模糊沉闷，阴暗，画面常显得神秘、迟钝、忧郁，使人有种透不过气的感觉
低中调	暗色调的明度中对比	色彩效果沉着、稳重、朴素雄厚、有力度，设计中常被认为是男性色调
低长调	暗色调的明度强对比	色彩效果清晰、激烈，具有不安、深沉、压抑、苦闷的感觉
最长调	最明色和最暗色面积相等的明度强对比	色彩效果极其矛盾、强烈、锐利、简洁、单纯，适合远距离的设计。但处理不当也易出现空洞、生硬、目眩的感觉

三、纯度对比

一种颜色的鲜艳度取决于这一色相发射光的单一程度，不同的颜色放在一起，它们的对比是不一样的。人眼能辨别的有单色光特征的色，都具有一定的鲜艳度。不同的色相不仅明度不同，纯度也不相同。同一色相即使纯度发生了细微的变化，也会带来色彩性格的变化。色彩中的纯度对比，纯度弱对比的画面视觉效果比较弱，形象的清晰度较低，适合长时间及近距离观看。纯度中对比是最和谐的，画面效果含蓄丰富，主次分明（图3-25）。

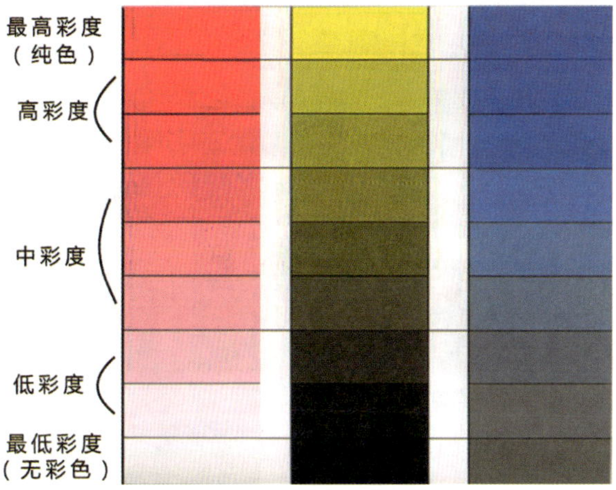

图3-25 有彩色加入无彩色

图3-25：纯度强对比会出现鲜的更鲜、浊的更浊的现象，画面对比明朗、富有生气，色彩认知度也较高。

纯度对比可以体现在单一色相的对比中，同色相可以因为含灰量的差异而形成纯度对比；也可以体现在不同色相的对比中，据孟德尔研究的纯度色标数值，红色是色彩系列之中纯度最高的，其次是黄、橙、紫等，蓝绿色系纯度偏低。纯红与纯绿相比，红色的鲜艳度更高；纯黄和纯黄绿相比，黄色的鲜艳度更高，当其中一色混入灰色时，视觉也可以明显地看到他们之间的纯度差（表3-2）。

表3-2 色相明度、纯度（彩度）关系表

色相	明度	纯度
红	4	14
黄橙	6	12
黄	8	12
黄绿	7	10
绿	5	8
蓝绿	5	6
蓝	4	8
蓝紫	3	12
紫	4	12
紫红	4	12

任何一种鲜明的色，只要它的纯度稍稍降低，就会表现出不同的相貌与品格，我们可以用黄色的纯度变化为例。纯黄是极夺目的、强有力的色彩，但只要稍稍掺入一点灰色，就会立即失去耀眼的光辉。纯度的变化也会引起色相性质的偏离。如果黄色里混入更多的灰色，它就会明显地变化，变得极其柔和，失去光辉，黑色混入黄色，则会立即变成非常浑浊的灰黄绿色。

色彩中混入不同量的黑或白色能降低一个饱和色相的纯度，但加白色相的面貌仍较清晰，也很透明，加黑色覆盖性强易改变色相。紫色、红色与蓝色，在混入不同量的白色之后，会得到较多层次的淡紫色、粉红色和淡蓝色，这些颜色虽然经过淡化，但色相的面貌仍较清晰，也很透明，但黑色却可以把饱和的暗紫色与暗蓝色迅速吞没掉。

现实中的色彩与设计中的色彩，大都为不同程度含灰的非纯色，而且每种色彩的纯度变化又十分微妙，纯度的每一次微妙变化都会使色彩产生新的相貌和情调（图3-26、图3-27）。如果画面全是灰色，缺少适当纯色来对比，画面又容易显得单调和沉闷。只有懂得和善于运用纯度的对比作用，才会使画面产生既响亮又含蓄的色彩效果，做到灰而不闷、艳而不燥。

图3-26　大面积纯色运用

图3-26：在运用色彩时，如果只用高纯度的色彩堆积在画面上，会给人一种刺激和烦躁的感觉。

图3-27　纯色适当点缀

图3-27：适当的纯色设计，能够弱化空间的单调与沉闷感，使得画面既活泼又不给人枯燥的视觉感。

补充要点

降低饱和度的方法

1. 加入无彩色（黑、白、灰）。纯色混色白色可以降低其纯度，提高明度，同时色彩变冷。各色混合白色以后会产生色相偏差，色彩感觉柔和、轻盈、明亮。纯色混合黑色，降低了纯度，又降低了明度，同时色彩变暖。各色加黑色以后，会失去原来的光亮感，变得沉稳、安定、深沉。加入中性灰色，会使得色相变浑浊，相同明度的纯色与灰色相混后，可以得到不含明度和色相变化的不同纯度的含灰色，具有柔和软弱的特点。
2. 加入该色的补色。加入互补色等于加入深灰色，因为三原色相混得深灰色，而一种色彩如果加它的补色，而其补色正是其他两种原色相混所得的间色，所以也就等于三原色相加。

四、冷暖对比

色彩有心理温度。暖色会刺激神经使血液循环加速，身体不由自主地热起来，给人温暖之感。冷色会使血液循环降低，身体产生凉爽、寒冷的感觉。中性色，其冷暖感要视其所处的色彩环境，当它们与暖色搭配时有冷感，反之则有暖感。用冷暖差别而形成的对比称为冷暖对比（图3-28、图3-29）。

图3-28　冷暖对比

图3-28：在色彩的远近上，明度高，暖色感觉近，明度低，冷色感觉远。

1. 影响冷暖的因素有明度和纯度

明度在无彩色中，白色具有冷倾向，黑色具有暖倾向。在有彩色中，冷色加入白色或者黑色，会向暖转化，暖色加入白色或者黑色后，则会向冷转化；加入灰色，则会向中性色转化。高纯度暖色更暖，低纯度冷色更冷，纯度越低，则越向中性色转化。

2. 色彩的视觉感觉

色彩的远近（前进色和后退色）。暖色系一般为前进色，冷色系为后退色。眼睛在同一距离观察不同波长的色彩时，波长长的暖色如红、橙等色，在视网膜上形成内侧映像；波长短的冷色如蓝色、紫等色，则在视网膜上形成外侧映像。因此会形成暖色前进，冷色后退的感觉。前进性的暖色、明度高的色彩为膨胀色；后退性的冷色、明度低的色彩为收缩色。

如法国国旗三种颜色（红、白、蓝）的宽度比例是35：33：37，这样会让人达到一个视觉上的平衡，感觉这三个颜色的宽度相等。白色的物体轻飘，黑色的物体沉重，这种感觉来源于生活。色彩的轻重主要取决于明度，高明度色彩感觉轻，低明度色彩具有重感。颜色轻重感的依次顺序：（重）黑＞低明度＞中明度＞高明度＞白（轻）。

图3-29　冷暖对比

图3-29：冷暖对比是相对的。把绿色放在黄绿色中，绿色就成了冷色；把绿色放在蓝色中，则会变暖。越临近的颜色，其冷暖的对比就越弱，到达冷暖两级——蓝色和橙色，则形成冷暖的最强对比。

五、面积对比（表3-3）

表3-3　面积对比

面积大小	面积对比效果	适用范围
色彩属性不变，随着面积的增大，对视觉的刺激力量加强，反之则削弱	色彩的大面积对比可造成眩目效果	一般建筑外墙、室内墙壁等都选用高明度、低纯度的色彩，以减低对比的强度，造成明快、舒适的效果
大面积色稳定性较高	在对比中，对它色的错视影响大；相反，受它色的错视影响小	
相同性质与面积的色彩，与形的聚、散状态关系很大的是其稳定性	形状聚集程度高者受它色影响小，注目程度高，反之则相反	如户外广告及宣传画等，一般色彩都较集中，以达到引人注意的效果

补充要点

冷色和暖色

冷色和暖色是一种色彩感觉，冷色和暖色没有绝对，色彩在比较中生存，如朱红比玫瑰红更暖些，柠檬黄比土黄更冷。画面中的冷色和暖色的分布比例决定了画面的整体色调，就是通常说的暖色调和冷色调。使用了冷暖对比色可使画面更有层次感。在绘画中，不同的色调也能表达意境和情绪。

第六节　色彩的调和

一、同一调和

对比强烈的两种或以上色彩因差别大而不调和时，增加或改变同一因素，赋予同质要素，降低色彩对比，这种选择统一性很强的色彩组合，削弱对比取得色彩调和的方法，即同一调和。增加同一因素越多，调和感越强。

同一调和有以下几种形式：同一明度调和（统一明度变化、色相与纯度不变）；同一纯度调和（统一纯度变化、色相与明度不变）；同一色相调和（统一色相变化、明度与纯度不变）。换句话说就是在一个构图里就色彩三属性而言只统一某一种属性变化，让它来强调画面，对其余两个属性理论上保持不变，起束缚、抑制作用，从而获得调和。

单性同一调和，就是同一色彩三要素明度、纯度或色相中之一，而变化另两个要素；双性同一调和指同一三要素明度、纯度或色相中的两个要素，而变化另一个要素。同一明度、变化色相与纯度及同一纯度、变化明度和色相则不一定都是调和的（图3-30～图3-36）。

1. 同一明度调和

统一色彩的明度，而不改变色相和纯度，使画面达到调和的方法，称为同一明度调和。具体来说就是在色相、纯度和明度三个变量中只调整明度这个变量，即在配色各方中混入白色或黑色，明度被提高或降低，绝大部分纯度会降低，色相虽然不变但个

图3-30　单性同一明度

图3-30：单性同一之同一明度，明度不变、变化色相与纯度，不调和（也有可能调和）。

图3-31　单性同一纯度

图3-31：单性同一之同一纯度，纯度不变、变化色相与明度，不调和（也有可能调和）。

图3-32　单性同一色相

图3-32：单性同一之同一色相，色相不变、变化纯度与明度，调和。

图3-33 双性同一明度

图3-33：双性同一之同一明度变化，仅改变明度，纯度和色相不变，调和。

图3-34 双性同一纯度

图3-34：双性同一之同一纯度变化，仅改变纯度，明度和色相不变，调和。

图3-35 双性同一色相

图3-35：双性同一之同一色相变化，仅改变色相，明度和纯度不变，调和。

图3-36 双性同一色相

图3-36：双性同一之同一色相变化，增添同一色，其他明度和纯度不变，调和。

性被削弱，原来色彩间过分刺激的对比也被削弱。而且，混入的黑色、白色越多，也越容易取得调和。

2. 同一纯度调和

通过统一色彩的纯度，不改变色相和明度，使画面达到调和的方法，称为同一纯度调和。这种调和靠色彩纯度的鲜浊来变化画面，其配色效果是调和的，有种柔和、朦胧的效果。如混入同一灰色调和，因不改变色相和明度，只有纯度的变化，使这一方式显得单调统一，刺激性减小（图3-37、图3-38）。

3. 同一色相调和

不改变明度和纯度，通过统一色彩的色相而达到的调和称为同一色相调和。即在不同色彩中增加同一色相或互混其中的另一色使画面达到调和的方法。将画面混入或点缀同一色相，就是将选定的两种或多种色混入另一种色，使双方都具有相同因

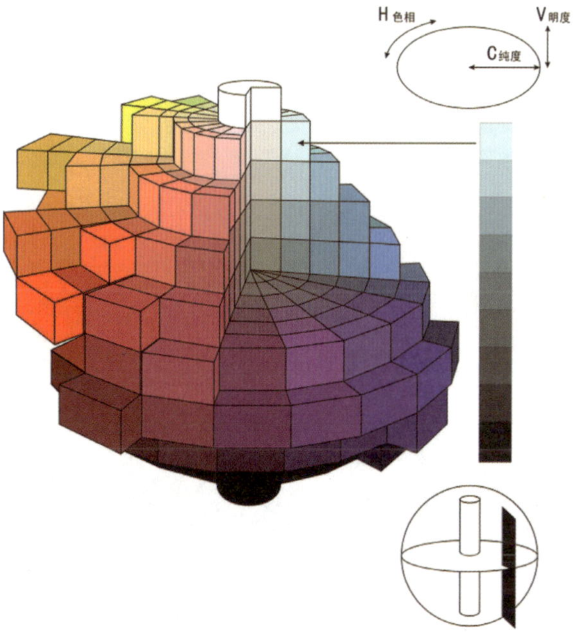

图3-37 孟塞尔垂直调和

图3-37：同一明度调和当然包括了孟塞尔色立体中同色相、同纯度、不同明度的垂直调和。也就是在同一垂直纵剖面上的各色只有明度的差别，而纯度和色相不变的色面。

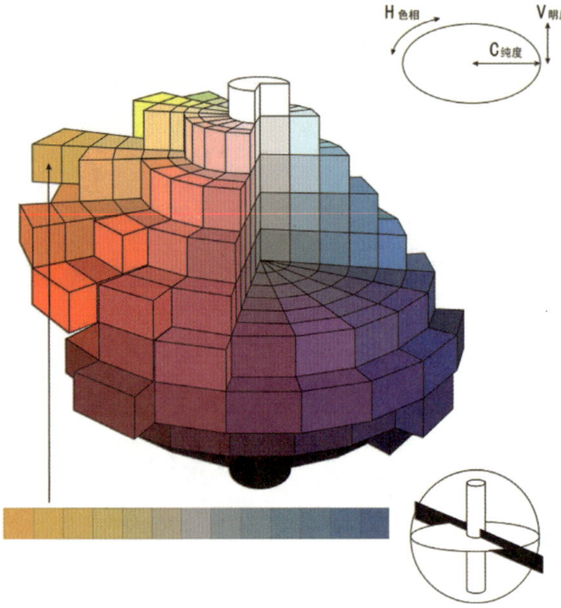

图3-38　孟塞尔内面调和

图3-38：孟塞尔色立体中同色相、同明度、不同纯度的内面调和也属于同一纯度调和。

素，使之调和统一起来。如混入同一原色或同一间色调和。要强调的是灰色与任何一种或一组色彩组合，都能产生调和的效果。因此，灰色可以起到缓和的作用，可作为色彩与色彩之间的缓冲色，解决色彩（特别是对比色，如原色和补色）之间不协调的现象。

二、色调调和

1. 主次调和

主次调和主要是以某色的色相作为画面主体色调，这种调和强调的是色调的统一（图3-39）。主次调和必须以一个主调为支配、优势力量，要么是暖调，要么是冷调，以统一为前提，不要平均对待各色，这样才能产生美感。一般在建筑物上最显眼的色彩就是主色调，是建筑的色彩主旋律，对整体装饰效果起统筹和支配作用。所有非主调色调均为次色调，受其统筹支配。只要围绕着主色调配置和调整色彩，既可避免色彩的零乱、纷杂与不和谐的弊端，又使色彩具有统一性和规律性。

2. 基调调和

色彩的倾向——即色彩基调。基调色是指全体的基调色彩，即占有最大面积的背景色彩，自然成为所要传达效果的基本色调。基调调和是通过统一画面的整体基调色彩以达到调和的效果（图3-40）。像美丽的黄昏之所以美，是因为整个暮色给金黄色的日辉染过一层；在大雪的冬天，全体看起来是白色的冷色世界；舞台布景中在紫色的

图3-39　主次调和

图3-39：从视觉心理角度去看，有时候虽然主色调不占据画面的主要面积，却能形成视觉的中心，形成画面的主次关系。

图3-40　基调调和

图3-40：在海洋世界的入口造型设计中，蓝色、绿色、黄色相互掺杂，总体上是以蓝色作为基调色，而其他两种颜色在大面积的蓝色基调中，所有的颜色都呈现出深浅不一的蓝色视觉效果。

光源照射下，所有的物体都会呈现紫色味，此时统一的感觉就出来了，紫色在这里就可称为起支配作用的“基调色”。

3. 色量调和

当两种以上的颜色处于同一色彩构图时，相互间应存在怎样的面积比例？这是一个早已被色彩学家重视的问题，即色量调和的问题。色量调和的特点是不需要改变色彩三要素，只改变色彩的面积和连贯同一色就能实现色彩调和的目的。

（1）分割调和。这是一种以无彩色（黑、白、灰）、特殊色（金、银）或某一颜色去分割各个色相而达到统一美的色彩调和方法。当对比的各个色彩过分的强烈刺激，或色彩过分的含混不清时，为了使画面达到统一调和的色彩效果，我们用相互连接的同一色彩加以勾勒，使之既连贯又相互隔离而达到统一的目的。分割调和实质上也是色量的再分配。分割色线的粗细根据画面的要求而定，分割连贯色越单纯，线越粗，同一的力量就越强，调和作用越明显。

（2）面积调和。面对一大片红色时，视觉上会感觉到很刺激，而面对一小块红色时就会觉得很舒服，鲜艳而美丽。这里就包含了色彩调和与面积多少的关系。实践证明，面积的调和与色彩三要素没有直接关系，它在不改变色彩三要素的变化下，也可以通过面积的增大或减小，来达到视觉上色彩的加强、减弱和调和的作用。因此，面积的调和是任何色彩配色都必须考虑的问题，如同色彩的三属性一样重要。配色中较强的色要缩小面积，较弱的色要扩大面积，这是色彩面积调和的一般法则。

伊顿根据歌德的色彩面积研究认为，相等面积比例的红色与绿色能够产生中性灰色，而黄色与紫色、橙色与蓝色不能产生中性灰色（图3-41）。若将三组补色调和面积关系用一圆形色轮来表示，我们就得到了著名的“面积对比调和色轮图”（图3-42）。

图3-41　色量平衡比例

图3-42　面积对比调和色轮图

图3-41：伊顿认为平衡的色量比例应该是：红：绿=1/2：1/2；黄：紫=1/4：3/4；橙：蓝=1/3：2/3。

图3-42：此图为原色和间色按调和面积的比例分配的色轮，只有严格按上面的面积并均为高纯度色，而且色相正确，经旋转才能混出中间灰色（中性灰）。

补充要点

室内装饰设计与色彩调配的基本原则

1. 室内色彩要注重整体效果。
2. 选用装饰材料充分了解材料的色彩特性。
3. 考虑色彩与照明的关系。因为光源的不同会带来不同的色彩变化。
4. 要考虑色彩与室内风格样式的协调。
5. 选用颜色要注意使用者的个人喜好与性格，考虑使用者的心理适应能力。

第七节　色彩与心理

色彩心理是指由客观的建筑色彩引起的人们主观心理的反应。色彩本身是没有灵魂、没有感情的。色彩运用最终的目的是表达和传递感情。不同波长的光作用于人的视觉器官产生色感的同时，必然导致某种情感的心理活动。事实上，色彩心理和情感心理是同时交替进行的，它们之间既相互联系，又互相制约，由色彩的物理性刺激直接导致某些心理体验，可称为色彩的直接心理效应。

例如，有的人看到蓝色会联想到天空、大海、理智、严肃；有的人看到红色会联想到太阳、火、热情、冲动。色彩的象征内容并非人们主观臆造的，抽象的说某种色彩象征什么也不确切，象征和联想有关，是人形成的一种共识。

因物理性刺激而联想到更强烈、更深层意义的效应，属色彩的见解心理效应。它包括色彩感觉的转移，色彩的联想、象征、好恶等。

一、色彩联想

1. 联想的意义

色彩联想基本具有两方面的意义：

（1）色彩联想能力。有助于设计思维的快速运转，使设计构思不断深化。

（2）色彩联想。有助于传达设计思想，便于观众理解和评价设计作品。

色彩联想是每个人都具有的能力，缺少了色彩联想，设计活动就无法进行。色彩联想的过程和结果不仅对设计构思的色彩想象和灵感的诱发起到促进作用，而且还可以增加设计思维的灵活性和变通性。

2. 联想的类型

色彩的联想可以分为具体联想和抽象联想两类，如看到白色想到白云，看到绿色想到森林等。在这里我们将进行简要介绍（表3-4）。

3. 味觉与嗅觉联想

色彩在饮食文化中是非常重要的，适当的色彩可以增进人的食欲。中国的饮食讲究的是色、香、味、形俱全，“色”居首位。色彩的感觉有时比味觉、嗅觉更能激发人的食欲。明亮色系和暖色系容易引起人的食欲，其中以橙色为最佳；有色彩变化搭配的食物容易增进人的食欲，单调或是杂乱无章

表3-4　色彩联想

色彩类型	具体联想	抽象联想
红色	火、血、太阳等	热情、活力、危险等
橙色	柑橘、灯光、秋叶等	温暖、活泼、欢乐等
黄色	柠檬、油菜花、光等	希望、光明、平凡等
绿色	草地、森林、树叶等	和平、安全、新鲜等
蓝色	天空、大海、水等	平静、深沉、理智等
紫色	葡萄、茄子、丁香花等	优雅、高贵、神秘、庄重等
黑色	墨、煤、炭、夜晚等	严肃、冷硬、恐怖、死亡等
白色	白糖、白云、面粉、雪等	纯洁、神圣、洁净、光明等
灰色	乌云、水泥、草木灰等	平凡、阴暗、谦逊等

的色彩搭配容易使人“倒胃口”。

二、色彩引发的心理反应

色彩心理效应是指客观色彩世界引起的主观心理反应。色彩本身没有灵魂，没有感情。色彩运用最终的目的是表达和传递感情。不同波长的光作用于人的视觉器官产生色感的同时，必然导致某种情感的心理活动。

色彩生理和色彩心理是同时交替进行的，它们之间既相互联系，又互相制约。一般可以从直接心理效应与间接心理效应两个方面来看。其中，直接心理效应是由色彩的物理性刺激直接导致的某些心理体验，可称为色彩的直接心理效应。

例如：高明度的色刺眼，使人心慌；红色夺目、鲜艳，使人兴奋。能使人脉搏加快、血压升高，具有心理上的温暖感觉。间接心理效应是因物理性刺激而联想到更强烈、更深层意义的效应，属色彩的间接心理效应。它包括色彩感觉的转移，色彩的联想、象征、好恶等。这两种效应相比而言，前者具有更多客观性、普遍性，后者具有更多主观性、特殊性。

1. 心理与民族地区的关系

各个国家、各个民族由于社会、政治、经济、文化、科学、技术、教育、宗教信仰以及自然环境、生活习俗等方面的不同，对色彩也会有各自的偏爱。因此我们有必要了解各个国家，各个地区不同的风俗习惯，了解他们对色彩的偏爱及喜好，有助于我们在某些特殊的情况下对色彩的正确运用。

例如，美国大学生偏爱白、红、黄三种颜色。英国男子爱好颜色的次第为青、绿、红、白、黄、黑，女子则是绿、白、红、黄、黑。在信奉伊斯兰教的国家绿色是最受欢迎的颜色，因为绿色是象征生命的颜色，可是在有些西方国家会认为绿色含有嫉妒的意思而不受欢迎。处于南半球的人容易接受自然的变化，喜欢强烈的鲜明色；处于北半球的人对自然的变化感觉比较迟钝，喜欢柔和、暗淡的色调。

2. 色彩心理与年龄

根据研究表明，婴儿大约在出生一个月后就对色彩产生感觉，随着年龄的增长、身心发育的成熟，对色彩的认识和理解也逐渐提高。儿童大多喜欢极鲜明的颜色，红色和黄色是一般婴儿比较偏爱的颜色。4~9岁儿童最喜爱红色。9岁以上的儿童最喜爱绿色，随着年龄的增长，生活联想的作用便掺入进来了。例如，生活在乡村的孩子喜爱青绿色，原因是青绿色与植物的联想有关。青年和中老年时期，由于生活经验和文化知识的丰富，色彩的喜爱除了来自于生活的联想外，还有更多的文化因素（图3-43、图3-44）。

图3-43　女孩房色彩设计

图3-43：女孩比男孩更喜爱粉色等浅色系，是由于粉色容易与纯洁、干净等词汇发生联想。

图3-44　男孩房色彩设计

图3-44：男孩相较于女孩会更喜欢深蓝、深红等深色系的装饰，这是由于深色系的东西一般都比较酷，符合男孩子的性格。

三、色彩的情感表达

色彩本身不具有情感、性格，人们能感受到色彩的情感，是因为人们对生活经验的积累。因为大部分人看颜色，往往会立刻联想到生活中的某些景物。例如，看到白色，有人会立刻联想到白云，有人会联想到雪花；看到橙色，有人会想到阳光，有人会想到橙子。这种就是我们之前所说的具象联想。

色彩的象征内容也并非人们主观臆造的，抽象地说某种色彩象征什么也不确切，象征往往跟联想有关，它也是人们在长期感受、认识和运用色彩的过程中总结出来的一种观念、形成的一种共识。因此，设计师在建筑装饰设计中，要合理运用色彩的情感表达技巧，用色彩来传达感情（图3-45、图3-46）。

图3-45　中式建筑情感表达

图3-46　西式建筑情感表达

第八节　案例分析：建筑色彩设计（扫码下载案例）

案例二维码

本章小结

人们对色彩的认知度要超过对形体和空间的认知度，色彩造型是建筑装饰造型设计的重要方向，色彩造型要把控好明度、纯度、色相三个方面的对比，同时要注重色彩给人带来的视觉印象和心理感受，准确选择色彩就是准确设计目标。在设计过程中虽然是先有形体后有色彩，但是在设计形体的同时也要预先把控好色彩。

思政与思考题

1. 光与色是建筑装饰造型设计中的重要元素，请简要概述光与色的内容。
2. 物体色与光源色对建筑物有哪些直观的影响？
3. 表示色彩的方式有哪些？
4. 色彩的对比形式分为哪几类？
5. 色彩的调和作用是什么？
6. 如何对色彩进行分类？
7. 色彩混合的形式有哪些，混合之后的视觉效果如何？
8. 如何在建筑装饰造型中运用色彩对比设计，打造良好的视觉效果。
9. 请简要说明红色、黄色、白色给人的心理感受，并举例说明。
10. 我国国旗与国徽的色彩组合给人心理带来哪些认知？由色彩引发的心理反应有哪些？

第四章

建筑装饰立体造型基础

PPT 课件
（扫码下载）

» **学习难度：** ★★★★☆

» **重点概念：** 空间形态、基本要素、美学原则、物质条件、制作方式

» **章节导读：** 立体造型作为现代设计教学的一门专业基础课，受到当今世界许多国家教育界的高度重视。随着时间的推移，时至今日立体造型已发展成为一门更加科学完善的学科。立体造型是指运用立体造型元素及造型规律，借助材料和技术的手段来塑造立体和空间，完成三维视觉造型。在我们生活的各个领域，大到城市规划、建筑设计、雕塑设计，小到包装设计等方面，都在应用立体造型原理和方法。

第一节 立体造型观念

立体造型是运用一定材料，以视觉为基础，力学为依据，将造型要素按照一定的造型原则组合在一起的造型方法。用一定的物质材料（绘画用颜料、绢、布、纸等；雕塑用木、石、泥、铜等）塑造可视的立体形象，反映客观世界具体事物的一种艺术。包括绘画、雕塑、建筑艺术、工艺美术等。

在20世纪20年代，德国包豪斯设计学院内首次开设三大基础课，立体造型是经过不断改进和发展创立起来的。如今的立体造型是在包豪斯关于立体形态、空间、材料、结构等研究的基础上，在各种艺术流派的影响下，发展而成的一门研究空间立体形态及其实现手段的造型设计基础课程。立体造型作为研究形态创造与造型设计的独立学科，涉及建筑设计、景观设计、室内设计、工业造型、雕塑、广告等设计专业。

三维形态与二维造型之间的区别在于，三维形态可以从不同的角度呈现不同的外形，由于比二维多了一个维度，就要求不仅具有前面，而且具有侧面、上面、下面、后面等多视点、多角度的造型意识，视点和造型的增加，也大幅度扩展了造型的表现领域（图4-1）。

一、立体造型概述

立体造型按虚实关系来划分的话，可分为三类：实体、虚体和灰空间。

1. 实体与空间

实体就是我们通常表现为看得见摸得着，实实在在的物体，有一定形状和明确的空间意义。虚体指的就是空间，它是相对实体而言的，是实体周围的空间，看不见也摸不着，同时也指物体之间的相互关系。

2. 灰空间

“灰空间”，也称“泛空间”。最早是由日本建筑师黑川纪章提出。其本意是指建筑与其外部环境之间的过渡空间，以达到室内外融和的目的，如建筑入口的柱廊、檐下等，也可理解为建筑群周边的广场、绿地等（图4-2、图4-3）。

3. 虚体

实体和虚体是一对矛盾的统一体，两者相互依

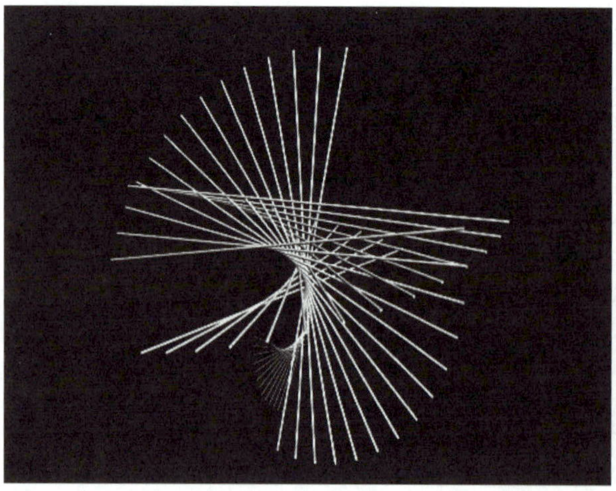

（a）立体造型

（b）建筑外观造型

图4-1 由立体造型演变而来的建筑造型

图4-1（a）：立体造型是包含美学、工艺、材料等因素的综合训练。

图4-1（b）：建筑要具备能承受地心引力的力学性坚实解构，同时还要有抵抗风、雨、雪、地震等各种外力影响的能力。

图4-2 江南水乡的廊棚

图4-2：在黑川纪章提出“灰空间”之前，中国就出现了廊棚这种建筑形式，这就是典型的灰空间的做法。

图4-3 建筑群旁的绿地

图4-3：就像灰色是黑白的过渡色一样，“灰空间”就是封闭空间与开放空间的中介，或者说是内容与功能不同的空间之间的过渡空间。

存，缺一不可。实体和虚体在空间中呈现出两种完全不同的强对比特征，具有明显的空间意义：实体——占据空间；虚体——连接空间。虚体不仅围绕着所在实体，而且与实体相互渗透。在建筑装饰设计中，巧妙地使用空间分割，可以让实体具有功能性和展示型，使实体和空间相互呼应，呈现出一种不同的美感。巧妙地利用实体和空间之间的关系，可以设计出充满灵动性和趣味性的整体效果。

二、空间形态

立体形态若按空间状态来划分分类，可以分为四类：实体、封闭空间、半封闭空间和透空空间。实体空间在这里不进行重复解释。封闭空间即虚空间，是指周围被实体全部包围的空间，如楼房、玻璃温室等（图4-4）。半封闭空间又称为虚空间，空间周围被实体部分包围，如分割的空间组、展览会的展示区域等。透空空间是指实体中间被虚空间穿插，如亭子、透空的太湖石等。透空空间增强了空间的流通性，给人以开放、开朗的感觉，但领域感较弱。

图4-4 封闭空间

图4-4：对于不透明材料，封闭空间和实体在外表上没有区别，只有当人的视角进入封闭空间内部，封闭空间才显示出较强的领域性、拒绝感和安全感。

第二节　立体造型的基本要素

立体造型的基本形态要素有点的立体造型、线的立体造型、面的立体造型、体的立体造型（图4-5）。

一、点的立体造型

在立体造型中，点常常是与其他形态要素相组合的，很少作为纯粹的三维结构来造型（图4-6）。在建筑中，点常常作为装饰造型，装点空间（图4-7）。

二、线的立体造型

线在立体造型中有着重要的作用，一般是通过线材来完成形态塑造的，线能够形成形体的骨架，成为结构体本身，线还能决定形体的方向，强调形体的轮廓等。在使用线材在三维空间中构成立体时，要注意两方面的问题：一是其造型的结构；二是线材间的空隙。只有处理好了这两个方面，才能使整个立体形态具有较强的层次感、伸展感以及力动性的韵律感（图4-8）。在建筑装饰上，线具有良好的视觉拉伸效果，垂直或水平方向的线条，各有特色（图4-9）。

三、面的立体造型

面的形状具有一定的延伸感，侧面边缘处近似线材，而面的连续处却很像块材（体）的表面。所以要将面材巧妙运用可产生线、面、块的多重特点（图4-10）。

四、体的立体造型

立体是平面进行运动的轨迹。体就是在三维空

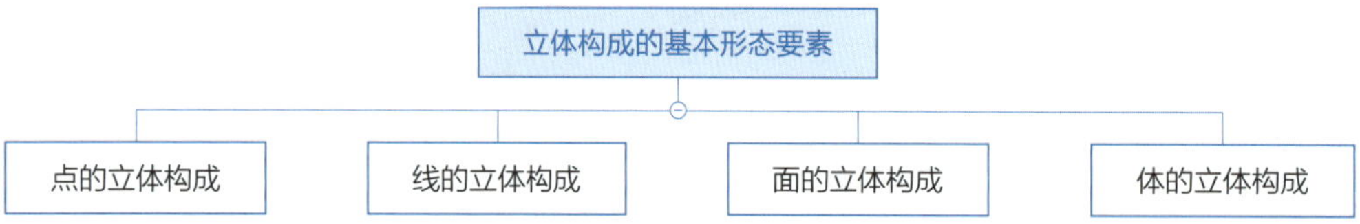

图4-5　立体造型的形态要素

图4-6　点的立体造型

图4-7　点在建筑中应用

图4-8　线的立体造型

图4-6：因为很多时候要将立体的点固定在空间中，就必须依赖于支撑物，如线材、面材的立体形态，所以从造型形式上看就很少有单独的点造型。
图4-7：将点的立体造型运用到建筑上，能够装饰建筑，为建筑物塑型，打造具有视觉感的建筑群。
图4-8：线的立体造型因为材料的强度不同可分为硬质线材和软质线材。

图4-9　线在建筑上应用

图4-10　面的立体造型

图4-11　体的立体造型

图4-9：建筑上的线条造型，能够让静止的建筑富有动感，具有良好的视觉效果。
图4-10：在面立体造型中，可以根据改变面材的基本形态以及面的不同形状来使面的层排构成更加丰富。
图4-11：体的视觉感受与体量的大小有一定关系，大而厚的体量，能表达浑厚、稳重的感觉；小而薄的体量，能表达轻盈、漂浮的感觉。

间中按不同方向运动的面的结果，可以由面围合而成，也可以由面运动形成（图4-11）。其基本特征是占据三维空间，体与外界有明显的界线，是一个封闭的、力度感强的形体。一般来说，我们指的体是体块、体量的概念，能独立支撑的形体，在造型中常使用块材来作为基本形。

补充要点

几何平面形、几何曲面形、自由体和自由曲面体

1. 几何平面形。是指以四个以上的平面，以其边界直线互相衔接在一起所形成的封闭空间的实体，如正立方体、长方体、正三角锥体和其他以几何平面所构成的多面体，它们能表现简练、大方、稳定的特点。
2. 几何曲面形。是指由几何曲面所构成的回转体，如圆球、圆环、圆柱等。它们的特征是：表面为几何曲面，秩序感强，能表达理智、明快、幽雅和严肃又端庄的感觉。
3. 自由曲面体。是指无特定规律的自由构形，有柔和、平滑、流畅、单纯、随意的视觉感受，它们大多反映的是朴实而自然的形态。自由曲面体是指由自由曲面构成的立体造型。

第三节　立体造型的美学原则

一、主次与重点

在统一的立体形态中，我们常常会强调主体，形成明确的主次关系，从而得到突出、鲜明的视觉形象。推敲主次关系，也就是明确哪一个要素是重要的、处于主导地位的、统领这立体形态；哪一个是次要的、处于辅助地位，是烘托形象的；哪一个是附属的，使整个三维形态更精彩有趣的。所有这些主要的、次要的，或附属的形体，统一在整体形态中，相互补充（图4-12）。

图4-12 主次与重点

图4-12：在创造形体、组织形体时，只有善于把握主次关系，强化重点，才能使形态更具有立体感和整体构成感。

图4-13 比例与尺度

图4-13：尺度的整体或局部给人感觉上的大小与其真实的大小之间的关系问题。

二、比例与尺度

比例就是一个整体中部分与部分之间、部分与整体之间的关系。体现在立体中就是指形态的各部分具有适当、良好的关系，其中既有形体本身各部分之间长、宽、高的比例关系，又有形体之间个体与整体之间的比例关系，而这两种比例关系的协调依赖于人们感觉与经验上的审美概念（图4-13）。

比例与尺度的区别在于，比例主要表现为各部分数量关系之比，是一种相对值，而尺度却要涉及具体的尺寸和大小，在建筑设计中，要处理要两者之间的关系。

在具体的建筑造型设计中，把握好装饰造型的比例与尺度十分必要，在立体造型中要考虑形体在空间中的大小、高低、厚薄以及与其所构成的空间的关系是否符合形态的表达目的（图4-14）。

三、稳定与均衡

1. 物理稳定与视觉心理平衡

（1）物理稳定。即实际稳定，是指立体形态的实际重量的重心，只有落在合适的位置上，符合稳定的条件，物体才不会倾倒。要保持实际稳定有两个条件：一是物体要符合重心规律。任何物体都要具有支撑面，物体重心的轴线一定要落在支撑面内，不然就会倾倒。因此，支撑面越大越稳定，重心越低越稳定。二是材质要有一定的强度，结构要有一定的牢度，以免不能持久。物理重心的稳定，是学习立体造型、材料造型中所必须解决的问题。

（2）视觉心理稳定。是指立体形态外观的量感重心，能够满足视觉上的稳定感觉。换句话说，就是在物理重心稳定的基础上，建立一种适度的不稳定形态，以满足人们在特定环境下视觉心理的需求（图4-15）。

图4-14 鸟巢造型

图4-14：体育场的形态如同孕育生命的“巢”和摇篮，寄托着人类对未来的希望，将结构暴露在外，因而自然形成了建筑的外观。

图4-15：具有视觉稳定的立体形态能给人既稳定又有变化的感觉。

图4-15 视觉心理稳定

2. 影响到物理稳定与视觉心理稳定的因素（表4-1）

表4-1 影响到物理稳定与视觉心理稳定的因素

因素	内容
接触面积	底部接触面积较大的形体具有较大的稳定感，重心偏高的形体，其底部接触面积就不能太小；而重心偏低的形体，其底部接触面积就不能太大
结构形式	结构形式主要表现为两种：一种是对称形式；另一种是平衡形式。最常见的对称形式有左右对称（上下对称）和放射对称，放射对称的形式为有一个中心点，所有的开支都从点的中央向一定的发射角排列造型
材料质地	不同的材料质地能产生不同的心理感受，材料的稳定与轻巧感觉由两个因素决定：一是材料表面肌理；二是不同材质造成的材料比重的感受
色彩	材料表面色彩明度低，具有稳定感；材料表面色彩明度高，具有一定的轻巧感
重心	体形高则重心也高，有轻巧感；反之，若体形粗矮，则重心低，给人稳定感。一般来说，当物体重心离开安置面距离超过物体总高的三分之一时，则视觉感受轻巧；当物体重心处于物体高度三分之一处或三分之一以下时，便会有稳定感

四、节奏与韵律

最简单的节奏变化是以相同或相似的形、色为单元作规律性的重复组织或组合排列，以创造形式要素之间的单纯秩序和节奏美，在空间中形成运动感、方向感。

韵律是指形式在视觉上所引起的律动效果，如造型、色彩、材质、光线等各种形式要素。在空间造型中运用韵律的原则，可以创造抑扬顿挫的变化，使静态的空间产生了动感，打破单调、沉闷的气氛，创造情趣，活跃环境的气氛，从而满足人们的精神享受。韵律的形式有以下几种表现（表4-2）。

表4-2 韵律的表现形式

形式	内容
重复韵律	重复韵律指立体造型中色、形、材质等造型要素作有规律的间隔重复表现，具有强调的特性
渐变韵律	渐变韵律将造型要素按照一定的规律渐次发展变化称为渐变韵律。一般常见的渐变韵律形式有：形态大小渐变、形态方向渐变、形态位置渐变、形态的厚薄渐变等，在视觉上都能产生各种不同的律动效果，或柔和，或强烈，或缓慢，能使表现的结构具有运动节奏感
交错韵律	交错韵律各造型要素按照一定规律作有条理的交错、相向旋转等变化
起伏韵律	起伏韵律各造型要素作高低、大小、虚实的起伏变化。这种韵律能使人产生波澜起伏的荡漾之感
特异韵律	特异韵律在正常的秩序发展中出现不正常，追求突破、特异。这种突破是一种智慧的表现，要抓住种种构成因素的差异性方面，在视觉上造成跳跃、产生新奇感

第四节　立体造型的材料——物质要素

材料是立体造型的物质基础。没有材料，立体造型的创造性思维就难以在建筑中实现。建筑造型中的立体造型要依赖于材料来表现，材料的性能直接限制了立体造型的形态塑造，同时，材料的机理也是艺术表达中重要的组成部分。立体造型的创造离不开材料，它决定了立体造型实物的形态、色彩、机理等方面的效果，也决定了立体实体的强度、加工性等物理效能。

一、木材

木材是日常生活中常见的自然材料之一，也是立体造型中较简便的材料，常用于木雕或制作模型。木材的种类很多，不同木材的物理特性、强度、木纹机理等各不相同。一般在立体造型中理想的木质材料应木节少、纹理平直，成本低廉，比较容易加工和利于造型等（图4-16、图4-17）。

二、石材

石材即岩石，不同的石材因成因、组成成分不同，其色泽、质地、强度等也会有所差异，但石材总体上都让人感到坚硬、沉重、光滑、冰凉和冷漠。常用石材主要有青山石、青田石、大理石、花岗石等。石材因质地坚硬，所以加工难度大，常用敲凿、打磨、切割等手段进行造型，现多用大型机器设备进行加工（图4-18）。

图4-16 木材造型

图4-16：将木材运用到建筑顶面造型中，拱形的穹顶展现出特有的造型，增强空间的视觉效果。

图4-17 木材加工

图4-17：木材的加工手法主要有锯割、刨削、雕刻、弯曲、结合等。

图4-18 石材浮雕

图4-18：在建筑物的外壁上雕刻浮雕，精美的造型使得整个建筑富有艺术气息。

图4-19 雕塑艺术

图4-19：泥石材料作为雕塑、塑型的重要辅助材料，对雕塑的制作具有良好的指导作用。

三、泥石材料

泥石材料主要指形体塑造的辅助材料，如雕塑泥土、水泥、石膏粉、滑石粉，以及砖、瓦、砂、石等材料。这些材料除了本身的加工成型工艺之外，还可以与其他材料混合使用，使立体造型的造型充分展现综合材料的表现力（图4-19）。

四、纸材料

纸材料具有质地温和、价格低廉、易于加工、有丰富的表现力和可塑性、种类繁多、价格便宜、对加工工具要求简单等特点（图4-20）。纸有各种各样的，如写字纸、卡纸、瓦楞纸、牛皮纸、包装纸等。在立体造型中，纸是最简便、最基本的材料，也是使用机会最多的材料。

五、金属材料

金属材料可呈现出特有的光泽，是良好的导电体和导热体，具有不透明、可熔、可锻、延展性好等特点。金属材料因坚固持久、品种丰富、加工技术多样、视觉质感丰富而在立体造型中被广泛使用（图4-21）。

金属材料对各种加工工艺方法所表现出来的适应性称工艺性能。在立体造型中可以充分利用金属材料的工艺性能进行创作，把金属工艺性能和设计思维有机地结合在一起，从而创作出优秀的作品。

图4-20 纸材料

图4-20：用纸做立体造型最为简单，纸具有良好的可塑性与加工性，制作过程简单。

图4-21 金属材料

图4-21：充分利用金属材料的特性，将其运用到立体造型中，在视觉上拥有良好的体验。

六、玻璃材料

玻璃透明光滑，坚硬脆弱，难加工，有较强的耐热、抗腐蚀性能。用玻璃材料构筑的空间有着无限扩展的视觉感，是体现开放性的理想材料。立体造型设计经常使用的玻璃材料主要有普通玻璃、毛玻璃、成型玻璃、镜面玻璃等（图4-22）。

图4-22 水晶鞋造型

图4-22：在立体造型设计中我们可以利用不同种类的玻璃进行创作，根据不同玻璃的特性达到不同的表现效果。

七、塑料材料

塑料是典型的现代工业材料。塑料的种类很多，不同的塑料其物理特性也不一样，有的硬度大，有的黏接性好，有的柔韧性好，有的可塑性好。塑料材料是很有发展前景的造型材料之一。目前在立体造型设计制作中使用较多的是泡沫塑料板和PVC管。

八、废旧材料

废旧材料是指现代工业中的各种垃圾，如包装盒（袋）、各种瓶罐、竹、木、布、绳、碎玻璃、塑料的边角料及废五金材料、废机器零件等。这些垃圾都可成为立体造型、雕塑装置中的制作材料（图4-23）。

图4-23 动物造型

图4-23：各种垃圾的形态结构、材料机理和视觉语言都能触发人们创作的动机和灵感。

九、布绳材料

布绳材料属于软性材质，可以形成千变万化的“软雕塑”造型。表现手段有折叠、镂空、包缠、剪切、抽纱、编织、系结、缠绕等。通过这些不同的手段，可以呈现出2.5维的半立体浮雕感和三维立体的装饰造型。

十、主要用于辅助的材料

是指对设计主体起辅助作用的材料，根据主体的实际应用涉及加工工具、裱衬材料、支撑材料等范围。如用于翻制模型等工艺中的石蜡、海绵等材料（图4-24、图4-25）。

十一、主要用于连接的材料

用于连接的材料也同辅助材料一样，是依据主体材料而定的。如乳胶、502胶水、万能胶水，双面胶纸、透明胶纸等黏性材料（图4-26）。还有订书钉、线、夹子、铁钉、焊条等联接工艺所需材料（图4-27）。

图4-24　石蜡

图4-25　海绵

图4-26　白乳胶

图4-27　焊条

图4-24：石蜡根据加工精制的不同分为全精炼石蜡、半精炼石蜡和粗石蜡3种，一般用作翻制模型的为全精炼石蜡或半精炼石蜡。

图4-25：海绵的挑选，主要以它的触感和弹性作为判定的首要因素，好的海绵应该摸起来柔软且富有延展性。

图4-26：白乳胶是一种黏结性能比较好同时使用又非常便利的一种胶。

图4-27：对于一些硬质材料来说，焊条是非常不错的选择，但是在使用上需要有专业的人员指导。

补充要点

工业设计与立体造型

从喝水用的杯子到家里陈设的家具，从使用的各类电器到身上漂亮的衣着，还有出行乘坐的交通工具，以及珠宝首饰等装饰品，都是工业产品设计的范畴。工业产品设计是使人们的生活更舒适、更惬意的一种手段。

工业产品设计是科学技术与艺术的融合，在工业产品设计中特别强调产品设计的功能性、审美性和经济性。工业产品的设计过程是把抽象的理念和技术，转化为可以摸得到的实实在在的东西，这种抽象的理念就是创造性思维。掌握立体造型的规律和方法。常常有许多好的立体造型，只要融入实用功能就会成为一件工业产品的设计造型。

第五节 立体造型与制作的方法步骤——技术要素

一、材料的加工方法

1. 减切加工

用刀、机床、电热丝、钻等各种工具，使用如切、锯、割、磨、锉、凿刻、削以及热溶解等方法，将材料减少或分离。为了得到理想的工艺效果，刀具类自身中就有许多形状，如直口、斜口、圆口等。此外，还有新的加工工具，如激光、水刀等（图4-28、图4-29）。

图4-28 减切加工

图4-28：激光切割机是随着光束与工件相对位置的移动，最终使材料形成切缝，从而达到切割的目的。

2. 连接加工

通过不同工艺把散落的立体形组合成一个整体。连接加工有搭架、插接、铆接、黏合、焊接、穿缝、钉接、滑节、铰接等工艺。

图4-29 水刀

图4-29：水刀可以对任何材料进行任意曲线的一次性切割加工。

3. 变形加工

变形加工是要通过外部环境条件的调整，来影响和改变材料的形态，如浸泡、加热、冲压、注塑等。

4. 材料的后处理

很多作品在成型后不能立刻达到理想要求，往往需要通过功能材料发生效应，需做技术上的后处理，尤其是一些半成品在翻制之后更需要修补，以及添加特殊的肌理模拟效果，要做像刮灰、上腻子、上色、上漆、打磨、抛光、上光乃至亚光处理等深加工。

二、立体造型制作步骤

1. 半立体造型步骤（图4-30～图4-35）

步骤一：准备三张颜色不同的卡纸，裁剪成数张150mm× 150mm的方形彩色纸。

步骤二：用小刀与直尺在裁剪好的方形彩纸上画好纹路，刻下印记，按照刻好的印记折叠卡纸，半立体造型的不开口作品完成。

图4-30 步骤一

图4-31 步骤二

图4-32 步骤三

图4-33 步骤四

图4-34 步骤五

图4-35 步骤六

步骤三：按照步骤二完成剩余作品。

步骤四：用铅笔与尺子在色彩纸上轻轻画出纹路，再用美工刀镂刻所勾画的纹路，半立体造型的开口作品制作完成。

步骤五：按照步骤四所述方法完成两个半立体造型的开口作品。

步骤六：所有的半立体造型的开口作品绘制完成。

图4-36 步骤一

2. 点的立体造型（图4-36～图4-41）

步骤一：准备材料有黑卡纸、黑白泡沫球、细铁丝，保留一根较长的细铁丝，其他的剪成五种不同的长度。

步骤二：用留下的一根较长的针线均匀的穿起数个白色泡沫球，吊挂后用自动喷漆喷成黑色并晾干。

步骤三：将所有剪好的不同长度的细铁丝都穿上黑色或白色的泡沫球。

步骤四：在白色泡沫板上用铅笔画出排列的图形，将穿好的泡沫球按照形状插到泡沫板上。

步骤五：调整泡沫球的距离、疏密、高矮。

步骤六：立体造型作品创作完成。

图4-37 步骤二

图4-38　步骤三

图4-39　步骤四

图4-40　步骤五

图4-41　步骤六

3. 线的立体造型（图4-42~图4-45）

步骤一：准备材料有黑色泡沫板、细铁丝、不同颜色的线。

步骤二：将准备好的铁丝弯成大小不一的三角形。

步骤三：用不同颜色的线，在三角形上进行缠绕，缠绕成蜘蛛网状。

步骤四：将所有做好的三角形的顶角一一用铁丝固定起来，立体造型作品制作完成。

图4-42　步骤一

图4-43　步骤二

图4-44　步骤三

图4-45　步骤四

4. 面与体的立体构成（图4-46~图4-51）

步骤一：准备材料黑卡纸、白卡纸、美工刀、尺子，用铅笔画出形状，用美工刀将图形镂空。

步骤二：在如图4-47所示的地方贴上蓝色或其他颜色的卡纸。

步骤三：按照之前所画的痕迹折叠出两个“N”字形的立方体。

步骤四：同上，按照之前所画的痕迹折叠出两三个大小不一的三角形。

步骤五：将折叠完成的“N”字形以及三角形摆放成造型，调整位置。

步骤六：将确定好位置的图形用热熔胶黏贴在黑卡纸上，立体构成作品制作完成。

图4-46　步骤一

图4-47　步骤二

图4-48　步骤三

图4-49　步骤四

图4-50　步骤五

图4-51　步骤六

第六节　案例分析：立体造型设计（扫码下载案例）

案例二维码

本章小结

立体造型是对形体空间的塑造，要结合平面和色彩元素，将二维设计元素拓展到三维实体空间中，使设计对象更具有体积感，通过空间的拓展和延伸来激发人的审美情结。立体造型是对设计造型的综合运用，也是设计的最终目标，即使是在传统的平面和色彩过程中也会穿插运用到立体造型的设计形式。掌握立体造型的关键在于培养强烈的空间感受。

思政与思考题

1. 立体造型对建筑造型有什么影响?
2. 立体造型具有哪些基本要素?
3. 立体造型的美学原则有哪几种?
4. 立体造型的物质要素有哪些?
5. 常见的立体造型材料有哪几种类型?
6. 立体造型的天然材料有哪些?
7. 建筑造型中的节奏与韵律是如何表现出来的?
8. 请简要概述立体造型的制作步骤。
9. 中国传统建筑立体造型有哪些特征?
10. 从材料重复利用的角度出发，表现我国各个城市形象的雕塑可用哪些材料制作?

第五章

建筑装饰图案基础

PPT 课件
（扫码下载）

» 学习难度：★★★★★

» 重点概念：纹样、形式美、变化造型、题材、传统与现代、装饰画

» 章节导读：图形通过视觉创作来表达人们的情感、思想、警示等信息，在视觉形象中发挥了易理解、好辨识、强记忆的特点。过去，人们比较注重“读”的过程，通过阅读文字记载的事件、情感等获得愉悦的体验，其实图形所传递的信息比文字更加快捷、准确。因为图形所传递的信息是通过视觉系统直接获取的，不需要通过阅读文字而加以思考。在现代社会中，人类的交流除了文字语言之外，便是图形符号了。图形与文字有许多相同的地方，因此，图形也有“世界语”之称。图形在跨越民族与地域的文化对话交流上，发挥了很大作用。图形不仅仅作为一种承载信息的载体，同时图形能够准确、生动、直观地反映出社会关注的问题，起到了指导与教化的作用。

第一节　图案构成基础

一、认识图案

一般而言，我们可以把非再现性的图形表现都称作图案，包括几何图形、视觉艺术、装饰艺术等。在电脑设计上，我们把各种矢量图也称之为图案。可以说图案是与人们生活密不可分的艺术性和实用性相结合的艺术形式。生活中具有装饰意味的花纹或者图形我们都可以称之为图案。

图案根据表现形式有具象和抽象之分。具象图案的内容可以分为花卉图案、风景图案、人物图案、动物图案等（图5-1）。明确了图案的概念后，才能更好地学习和研究图案的法则和规律。

图案是实用和装饰相结合的一种美术形式，它把生活中的自然形象进行整理、加工、变化，使它更完美，更适合实际应用。系统地了解和掌握图案的基础知识和技能，不仅能提高对美的欣赏能力，而且还能在实际应用中创造美，得到美的享受。

图案设计是人类有目的的社会性创造活动，属于人类社会的物质文化活动。随着时代的变迁，图案创作与制造者逐渐分离，成为独立的设计活动，并沿着自身的规律不断发展和完善。随着物质生产的分工越来越细，图案设计专业也进一步分化。

按设计对象、材料、工艺、技术等不同，图案设计分为纺织图案、陶瓷图案、玻璃图案、皮革制品图案、塑料制品图案、家具图案、工业造型图案、服装图案、首饰图案、钱币图案、室内设计图案、交通工具图案、环境艺术图案、书籍装帧图案、广告图案等（图5-2～图5-4）。

由于电视、通信、广播技术的发展，现代商业广告已发展为立体型的图案及信息传递。同时，现代产品的工艺技术日益复杂，某一单项产品的图案设计也要涉及广泛的科学知识，所以单项产品的图案设计也往往需要由各种门类的设计师所组成的集团来共同完成。

（a）

（b）

（c）

图5-1　图案

图5-2　室内墙壁装饰图案

图5-2：宗教寺庙位于旅游风景区中，风景区的接待大厅采用陶瓷马赛克铺装的墙壁装饰图案，具有浓厚的宗教气息，同时融入现代建筑装饰材料与设计手法，具有很强的创新意识。

图5-3　纺织图案

图5-3：纺织图案是布艺上的图案，具有良好的装饰空间的效果。

图5-4　室内设计图案

图5-4：在室内空间设计中，主要图案来源于布艺品、家具、墙面、地面以及顶面的装饰图案。

二、图形与图案的区别

图形不等同于图案。在视觉传达领域，图形和图案是有区别的。图案强调的是装饰效果，是在现实形态基础上的夸张、变形，追求的是视觉上的审美效果。而图形是以主观需要为出发点的形态，是在特定的主题下，根据目的对某一个或多个元素组合的一种表现形式，它既不是一种单纯的标识记录，也不是单纯的符号，更不是像图案一样以审美为主（图5-5、图5-6）。

“图案”这个词是1910—1920年期间从日本传入中国的。20世纪30年代以陈之佛、雷圭元为代表，从日本留学带回了“图案设计”和“三大构成”，在各大艺术院校开设了几十年。雷圭元对“图案”的定义是“图案是实用美术、装饰美术、建筑美术方面，关于形式、色彩、结构的预先设计，在工艺材料、用途、经济、生产等条件制约下，制成图样、装饰纹样等方案的总称”。

“图案”在中国古代和过去称之为“文镂”“装饰纹样”，这种纹样也就是视觉符号，它所反映和表达的是生存的文化与生活的文化。图案的产生源于人类认识自然和改造自然的需要，人类要认识自然、社会和人生就要依靠视觉和思维，而视觉与思维需要借助形象和概念，所以人类自古以来一直在寻找能够用视觉符号方式表达思想感情的方式，寻找能够利用图案储存自己的记忆和知识的方法，寻找能够把信息的传达程序化、简单化的方法。

文字作为语言符号记录人类的历史，是人类文明的标志，而图案符号比文字符号更早地记录了人类精神的追求与渴望（图5-7）。文字的产生，印

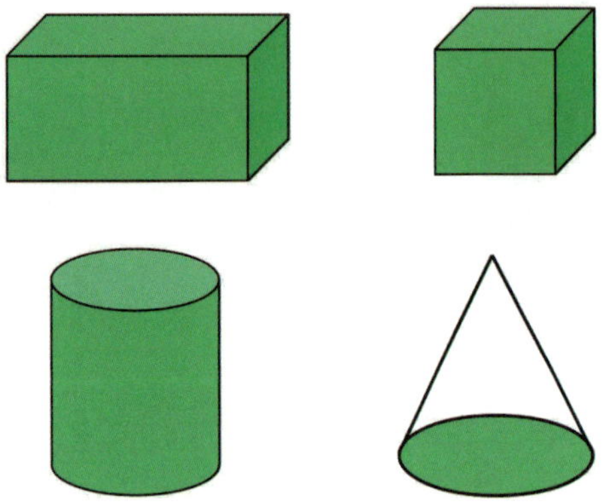

图5-5　图形

图5-5：图形设计的表现形式更为丰富，内容也更为自由，属于主观意识，主要是对实物的形态表示。

图5-6　图案

图5-6：图案讲究装饰效果，是在实物形态的基础上进行变形、夸张设计，注重审美效果。

图5-7　中国元素设计图案

图5-7：图案的产生源于人类认识自然和改造自然的需要，对自然重点图案进行生动再现，我国古代的装饰图案大多与生活环境有关，反映了人们精神层面的需求。

图5-8 服装上的图案设计

图5-8：图案在服装设计中是继款式、色彩、材料之后的第四个设计要素，图案对服装有着极大的装饰作用。

图5-9 建筑上的图案设计

图5-9：建筑图案是对建筑进行美化，装饰建筑的外观设计，能够让建筑物具有良好的视觉效果。

刷术的发展直到目前电脑的发展和电脑网络技术的发展，都代表了用视觉符号方式表达思想感情方式探索的延续。

因此，可以看出图案设计是针对实用美术、装饰美术、建筑美术方面，关于形式、色彩、结构的预先设计，图案设计的目的是唯美和装饰，着重培养学习者的认识形式美的规律，掌握装饰纹样的造型规律、掌握装饰艺术的审美风格和基本表现手法，通过对各国及各时代的图案的理解和掌握，提高学习者的艺术素质和综合设计能力。

而现代图案设计是利用视觉符号表达思想感情的图式方法，是传播信息的视觉语言形式，是一种设计语言，因此，现代图案设计的目的是传播信息，着重培养学习者的创意性思维和表现，以提高整体的综合设计能力（图5-8、图5-9）。

第二节 图案的形式美法则

形式美是一种感觉，也是一种认识，形式美感来源于人们对客观事物感觉经验的总结。图案的形式美法则是指图案变化与创作的一般规律，它是在二维空间里创作装饰美的可循法则。这种规律性与形式美是人类千百年来通过观察自然界中美的形象，总结、创作、提炼出来的。图案不像纯艺术更多地注重内涵，图案注重装饰效果，注重形式美规律。将遵循形式美法则用于装饰图案设计中，就可以创造出优美的线条、富于变化和表现力的形体、和谐悦目的色彩和组织精彩的空间。

一、变化与统一

变化与统一的法则，是构成图案形式美的最基本的法则，也是一切造型艺术的一条普遍原则或规律。变化是指将性质相异的图案要素组合在一起所形成的相互对比的感觉。这些图案要素包括图案的组织结构、造型、色彩、材料、机理和处理手法等（图5-10、图5-11）。

统一是指画面组合部分的内在联系，表现为形态、材质、色彩、技法等的相同或相近。但不可

图5-10　变化

图5-10：在建筑装饰图案设计中，在保证画面和谐的前提下，充分利用这些要素的相异之处，将会产生千变万化、丰富多彩的视觉效果。

图5-11　统一

图5-11：图案设计讲究统一，在设计时应注意图案的造型、构成、色彩的内在联系，把各个变化的局部，统一在整体的有机联系之中，使设计的图案有条不紊、协调统一。

图5-12　变化与统一

图5-12：在装饰图案设计中，各图案要素要同中求异、异中求同，形成既对立又依存的相互关系。强调变化与统一最根本的目的是获取视觉上的美感。

过分“统一”，过分则呆板，没有生气，单调乏味（图5-12）。

二、对称与均衡

对称与均衡是体现图案各部分之间组合关系的形式美法则。对称，又称“均齐”，是指以一条线为中轴，将两个以上相同、相似的元素加以对偶性的排列组合。它可以分为“绝对对称”和“相对对称”两类（图5-13、图5-14）。绝对对称指在一条中轴线或一个中心点的左右、上下或四周配置相同的（同形、同色、同量）装饰元素所形成的组织形式（图5-15）。相对对称指在一条中轴线或中心点的左右、上下或四周所配置的装饰元素，除局部外，在形、色上大致相同，是等量而不同形的对称组织形式（图5-16）。

均衡又称平衡，是指左右、上下等形式上不对称，没有对称的结构，不受中轴线和中心点的限制，但在量度上是均等的。它是对称的一种变态，在静中倾向于动。图案设计中的均衡包括了实体的平衡、空间的平衡、色彩的平衡、动势的平衡等环节，如图5-17所示。

图5-13　绝对对称

图5-14　相对对称

图5-15　建筑上的绝对对称

图5-15：绝对对称是在一个图案中拥有绝对性的对称，从任何一个点或者线来看，整个图案都是处于对称形式，十分稳定。

图5-16　建筑上的相对对称

图5-16：相对对称是除了部分细节存在变化外，整体上处于对称形式，对称有平衡、安稳、沉静的特性，使图形产生平稳的关系。

图5-17　均衡

图5-17：均衡有灵活自由、统一不呆板的特性，可以创造性地运用于纹样造型、构图和色彩上。

三、对比与调和

对比与调和是变化与统一的两种基本形态。对比是指具有显著差异的形式因素的对立统一，如：造型上的大小、粗细、轻重、疏密、凹凸、曲直对比，色彩上的色相、明度、纯度对比，构图上的方向、虚实、聚散对比，都可以产生生动活泼、丰富的效果（图5-18）。

调和是指没有显著差异的形式因素的对立统一，只有量的区别，主要是加强和减弱，是一种渐变的协调。如造型中的刻画主要的，淡化次要的，色彩中补色关系的运用等，往往使图案具有宁静的感觉（图5-19）。

在建筑装饰图案设计中，要做到既有对比又有调和。在使用线条时，如以直线为主，可在局部使用曲线来达到既调和又有对比的效果（图5-20）；在使用色彩时，如以暖色为主，可使用少量冷色，来达到既调和又有对比的效果（图5-21）。

图5-18 对比

图5-18：对比是在视觉上具有明显的大小、轻重对比，给人以强烈、新鲜、多样的感觉。

图5-19 调和

图5-19：图中黑白线条之间的调和对比，在视觉上形成一条蛇的既视感。

图5-20 线条对比与调和设计

图5-20：直线与曲线在建筑上产生对比效果，而曲线能够调和直线带来的坚硬、挺直感，化解建筑方方正正的视觉感。

图5-21 色彩对比与调和设计

图5-21：少量冷色能够缓解暖色扑面而来的炙热感，调和建筑色彩给人视觉影响，增加建筑的美感设计。

四、节奏与韵律

节奏是形与色的一种连续的、符合规律的周期性变化，即相同的造型要素反复出现在同一个画面中，反复是节奏的重要标志。在建筑装饰设计中，节奏是指单位纹样有规律地反复和连续展现。其具体表现形式主要有：重复节奏，是将单位构成纹样按照一定的构成格式，不作任何变化的反复排列（图5-22）；渐变节奏，是指单位构成纹样在重复排列的过程中，不是简单机械地重复，而是包含了更多逐渐变化的因素，如形状上的渐大渐小、渐长渐短，位置上的渐高渐低、渐前渐后，色彩上的渐明渐暗、渐冷渐暖等（图5-23、图5-24）。

韵律是在节奏的基础上形成的一种有规律的抑扬顿挫的变化，它有别于节奏的鲜明标志是对比和变化。常见的韵律表现形式有：起伏韵律，以波浪形构成的画面表现形式，如唐代的卷草纹；近似韵律，一个形象的不同表象多次出现所形成的画面表现形式；渐变韵律是造型元素递增或递减所形成的画面表现形式；呼应旋律是造型元素在画

图5-22 重复节奏

图5-22：节奏与韵律是一对比较抽象的形式法则，运用在图案创作中表现为造型因素或色彩因素有规律的重复或变化，形成音乐般的节奏感或韵律感。

图5-23 大小渐变

图5-24 颜色渐变

面中作内外、左右、前后呼应所形成的画面表现形式。

五、条理与反复

条理与反复是装饰图案中形式美的显著特征。条理指的是有规律地组织和安排造型要素。装饰图案中的条理既体现在布局的合理安排、错落有致上，同时也体现在造型、色彩和处理手法等的整体统一上。反复指的是相同或相似的形象单元有规律地重复排列（图5-25）。

图5-25　条理与反复

图5-25：装饰图案中的对称图案和连续图案都是反复的结果，单纯而整齐。

六、比例与对照

比例，指图案的各个组成部分之间面积大小、线条长短、宽窄的对比关系。任何一种艺术的造型和构图，都应有一定的比例关系。在图案设计中，无论是立体或平面的图案，合理的比例尺寸都是以人体的尺度作为标准来满足人们的生理和心理及审美的需求。

对照，具有相互参照、加以衡量的意思。画面中造型之间的比例、造型与空间之间的比例、色彩之间的比例等是否整体协调，对诸如此类问题的检验和调整都必须依赖对照。

补充要点

图案的形式美法则一览（表5-1）

表5-1　形式美法则一览表

名称	内容
变化与统一	统一是指画面组合部分的内在联系，表现为形态、材质、色彩、技法等的相同或相近；变化是指将性质相异的图案要素组合在一起所形成的相互对比的感觉
对称与均衡	以一条线为中轴，将两个以上相同、相似的元素加以对偶性的排列组合
对比与调和	对比是指具有显著差异的形式因素的对立统一；调和是指没有显著差异的形式因素的对立统一，只有量的区别，主要是加强和减弱，是一种渐变的协调
节奏与韵律	节奏是形与色的一种连续的、符合规律的周期性变化，即相同的造型要素反复出现在同一个画面中；韵律是在节奏的基础上形成的一种有规律的、抑扬顿挫的变化
条理与反复	条理即体现在布局的合理安排、错落有致上；反复指的是相同或相似的形象单元有规律地重复排列
比例与对照	比例指图案的各个组成部分之间面积大小、线条长短、宽窄的对比关系；对照是相互参照、加以衡量的意思

第三节　装饰图案的造型变化

一、传统图案

传统图案，是由历代沿传下来的具有独特民族艺术风格的图案。可分为原始社会图案、古典图案、民间和民俗图案、少数民族图案。图案的思想内容取决于社会的经济基础，也是古代社会政治、经济、道德、伦理的反映。中国传统图案源于原始社会的彩陶图案，已有6000~7000年的历史，可分为原始社会图案、古典图案、民间和民俗图案、少数民族图案（图5-26）。

原始社会图案是指从原始社会流传下来的图案。中国原始社会图案以西安半坡、马家窑、辛店、马厂等遗址出土的彩陶图案为代表。彩陶图案的题材广泛，有人物、动物、植物、水波、火焰、编织纹、几何纹以及原始宗教纹样等，造型拙稚，线条粗犷，风格质朴生动，具有鲜明的层次和节奏感（图5-27）。

古典图案是古代流传下来而有典范性的图案。中国古典图案的遗产很多，按历史时期划分，主要有商周时期的青铜图案，战国时期漆器、金银错器、刺绣等图案（图5-28）；秦汉时期瓦当、画像砖、石刻、织锦等图案；南北朝时期石窟装饰图案；唐代唐三彩陶器、铜镜、碑刻、金银平脱漆器、织锦、印染等图案；宋代瓷器、织锦、刺绣、缂丝等图案；元代雕漆、织金锦、釉里红瓷器等图案；明清时期青花瓷器、景泰蓝、织锦、刺绣、玉器、雕刻等图案（图5-29），它们在艺术上都各具特色。

民间和民俗图案是在人民群众中创作并流传的具有民间风格和地方特色的图案，包括根据民间风俗而设计的应景图案。民间图案主要有剪纸、刺绣、蓝印花布等图案；民俗图案主要有元宵灯节的灯彩图案（图5-30），端午节辟邪的“五毒”（蝎、蜈蚣、蛇、壁虎、蟾蜍）图案等（图5-31）。

少数民族图案是少数民族在长期生产和生活中创造并流传的具有本民族特色的图案。例如，蒙古族、藏族、维吾尔族、哈萨克族的地毯图案，苗族、布依族的蜡染图案，壮族、傣族、黎族、土家族、高山族、侗族的纺织图案，苗族、瑶族、白族的刺绣图案等（图5-32）。

传统图案是现代设计常用到的一种表现元素，是传统文化精髓的传承。从设计的角度来看，西方艺术冲击性强，注重张力及时尚文化的表现，所以设计的图案颜色大胆、丰富，容易吸引人们的眼

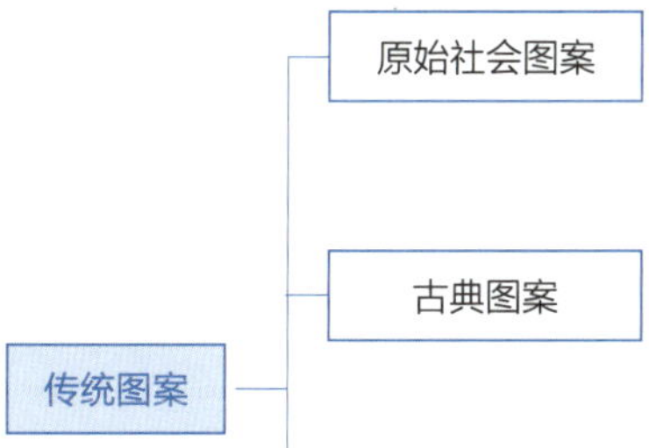

图5-26　传统图案分类

图5-27　彩陶图案

图5-27：在图案结构上，已熟练地采用对称、平衡、分割、连续、放射、重叠、联结、分离、组合等方法。

图5-28　刺绣图案

图5-28：用针将丝线或其他纤维、纱线以一定图案和色彩在绣料上穿刺，以绣迹构成花纹的装饰织物，形成刺绣图案。

图5-29　青花瓷图案

图5-29：青花瓷又称白地青花瓷，简称青花，中华陶瓷烧制工艺的珍品。青花瓷图案种类多，各个时期都有出色的作品。

图5-30　灯饰图案

图5-30：灯饰图案采用字体与图案设计，将喜庆的色彩融合其中，创造出节日的氛围，装点空间气氛。

图5-32　苗族刺绣图案

图5-32：苗族刺绣图案属于少数民族的特色刺绣工艺，形成具有地方特色的民俗刺绣图案。

图5-31　五毒图案

图5-31：民间流传五毒可以驱毒物，在端午节前后，将五毒图案纹绣在服饰或画在手臂上，可以驱除有毒之物。

球。而中国传统图案则重视创意文化内涵、视觉形象的审美以及文化传统的继承与表现。传统图案保留了各个地域的民族文化，传统图案的传承与创新对设计师自身的文化修养、创作技法等也都提出了更高的要求（图5-33）。

二、现代图案设计

现代图案设计是一种很强的信息传播方式，通过图形特有的语言，直观地传达一些视觉信息，弥补了语言文字和声音与语言传达的缺陷。它的出现超越了一般造型的审美限定，图形汇

（a）北京奥运会标志　（b）伦敦奥运会标志　（c）东京奥运会标志

图5-33　奥运会标志

图5-34　现代室外装饰图案

图5-35　现代室内图案设计

集了视觉心理、艺术造型、语言符号、市场营销、信息传播等艺术与科学一体的艺术形式，成了现代传播媒体中的一种个性化的传播方式（图5-34、图5-35）。

补充要点

图案造型方法

图案造型是依据形象所具有的自身规律，符合人类审美的需求，运用图像符号进行艺术创作。图案造型方法与绘画等造型艺术不同，它具有更多的表现力，除了生活中的具体形象以外，一切抽象的形象也都是图案造型的基本手段。

1. 点、线、面的视觉心理的运用。点有规则形和不规则形。规则形点有圆形点、方形点等，其中圆形点给人以完整、充实、内聚、运动之感；方形点给人以方正、坚实、规整、静止、稳定之感。线有直线、曲线，运用疏密、长短、粗细、重叠、交叉、顺倒、连续等变化，可产生各种线形，给人以引导视线方向、起止、动静、升降、坚柔等感觉。面有平面（包括垂直面、水平面、斜面）、曲面，以大小、反复、交叉、重叠、相对、分割等组成各种几何形象。

2. 面的分割形成图案的骨格和章法。主要有矩形骨格、菱形骨格、圆形骨格、复合形骨格、连续构成骨格等。有的骨格较显露，而有的骨格则较为隐埋，可获得不同的装饰效果。在连续构成骨格中，如二方连续图案和四方连续图案，在每一单位连接时，采用方向斜置、倒置、位置间隔排列等手法，可取得千变万化的效果。
3. 图案形象格体的变化。采用写实、变化、组合等手法，使图案形象格体多样化。在写实型图案形象中，可分为精细型、粗放型和简化型。在变化型图案形象中，可分为强化夸张型、概括简化型、抽象变化型等。例如，蝴蝶图案就采用强化夸张的手法，将它的双须、双尾适当伸长，不仅使其美观，而且有凌空飞舞之感。在组合型图案形象中，可归纳为共生型（如合动植物形象为一体）、重叠组合型、集合组合型（如集合四季花卉于枝头的折枝花、集合数种鸟的形象于一体的凤凰，集合数种动物形象于一体的龙）、分离组合型（如原始社会彩陶中的人面鱼纹、青铜器图案的兽面纹）。
4. 动和静的效果、姿势的强调，明确动态与力度。例如，飞天的图案有徐缓式运动型、飘越式运动型、飞翔式运动型、对垒式（两人相对）运动型等各种形式。

第四节　装饰图案的基本构成形式

装饰图案的构图形式是为适应不同饰物、不同环境、不同空间而特别形成的，其基本构成形式可以分为单独纹样、适合纹样、连续纹样三大类（图5-36）。

一、单独纹样

单独纹样是以独立的基本单位形为个体进行装饰的纹样形式。它包括单个的植物、动物、人物或

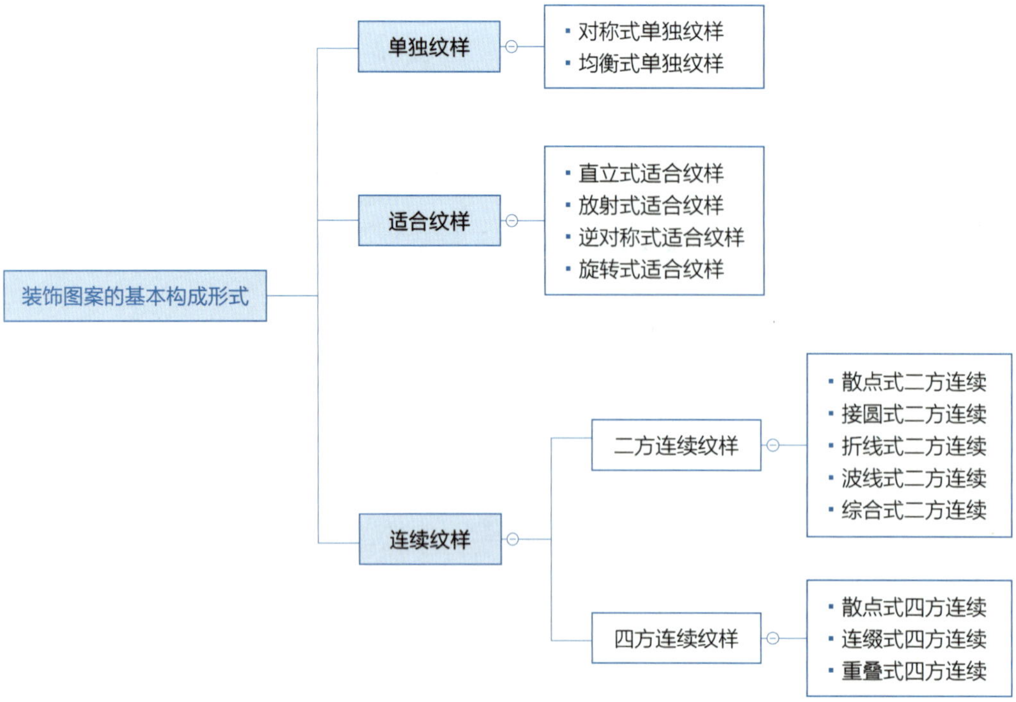

图5-36　装饰图案的基本构成形式

几何体（图5-37），周围不配置任何的其他图形，也不必限制于适合的外形里。单独纹样的结构形式可分为对称式和均衡式两种。

1. 对称式单独纹样

对称式单独纹样的特点是庄重大方、严谨、稳定（图5-38）。

2. 均衡式单独纹样

均衡式的结构形式主要是强调图案重心的稳定，由于均衡式结构要求图案中心两边的量不同，因此，要通过对图案构成诸要素的调整使其能够达到视觉上的稳定和平衡（图5-39）。

二、适合纹样

适合纹样是一种适当地组织在某一特定的形状（三角形、多角形、圆形、方形、菱形等）范围之内，使之适合于某种装饰要求的纹样。丰富的外形为适合纹样的适形创造了丰富的可能性。以图案的组织构成形式分类，可以将适合纹样分为直立式、放射式、逆对称式和旋转式四种类型。

1. 直立式适合纹样

直立式适合纹样的构成形式可以是对称的，也可以是均衡的。它的特点是图案具有明确的方向性（图5-40）。

（a）植物纹样 （b）动物纹样

（c）人物纹样 （d）几何体纹样

图5-37 单独纹样

图5-38 对称式单独纹样

图5-38：纹样总体外轮廓呈对称状态，但局部存在形或量的不等之处的组织形式，具有动静结合、稳中求变的新鲜感。

图5-39 均衡式单独纹样

图5-39：不受对称轴或对称点的限制，结构较自由，但要注意保持画面重心的平稳。

图5-40 直立式适合纹样

图5-40：直立式适合纹样具有明显的方向性，纹样可以是对称的也可以不对称，整体上保持均衡即可。

图5-41 放射式适合纹样

图5-41：放射式适合纹样具有明显的中心点，且整个纹样呈现出发射状，具有动感的效果。

图5-42 逆对称式适合纹样

图5-42：逆对称式适合纹样是单位内的纹样呈现出180° 的转变组合，处于对称式的结构。

图5-43 旋转式适合纹样

图5-43：旋转式适合纹样是以一圆点为中心，将单个纹样进行旋转得到的适合纹样。

2. 放射式适合纹样

放射式适合纹样的构成形式是图案具有明确的中心点，并以此点向外呈现出较强动感的发射状（图5-41）。

3. 逆对称式适合纹样

逆对称式适合纹样的构成形式是将单位纹样作相反方向（180° ）的转换组合（图5-42）。

4. 旋转式适合纹样

旋转式适合纹样的构成形式是以一个点为圆心，将单位纹样按照一定的角度进行旋转（图5-43）。

三、连续纹样

连续纹样是用一个单位纹样，按照一定规律进行排列，向上下或左右，或者同时向上下左右四个方向反复连续的纹样。它以图案的连续性排列为特点，可分为二方连续纹样和四方连续纹样。

1. 二方连续纹样

二方连续纹样是以单独纹样的单位形为个体重复排列，形成带状纹样。传统的二方连续有横式、竖式、环式，现在又多了斜式、交叉式等装饰形式。

二方连续骨格的形式有多种：散点式、接圆式、波浪式、折线式等，以及以上方式相互配合使用的综合式。二方连续在创作时应结合不同的骨格设计相应的单位形，应仔细推敲单个单位形或多个单位形相互穿插、错落、对比、呼应等关系，如表5-2所示。

表5-2 二方连续纹样分类

形式	内容	图例
散点式二方连续	散点式是将单位纹样按照一定的空间、距离、方向进行分散式的点状连续排列	
接圆式二方连续	接圆式是将单位纹样以圆形或椭圆形为骨格，按照一定的空间、距离、方向进行连续排列	
折线式二方连续	折线式是将单位纹样以折线为骨格，按照一定的空间、距离、方向进行连续排列，形成折线状	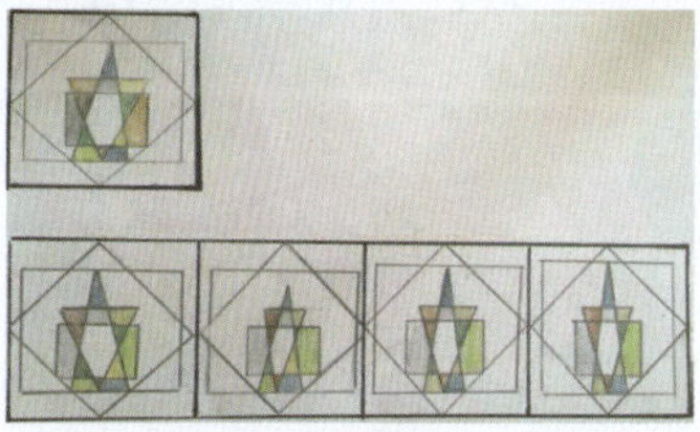
波线式二方连续	波线式是将单位纹样以波线为骨格，按照一定的空间、距离、方向进行连续排列，形成波浪状	
综合式二方连续	综合式是将上述两种或多种骨格结合起来，形成以一种骨格为主，其他种骨格为辅的构成形式，如波线式与折线式结合等	

2. 四方连续纹样

四方连续是以单独纹样为单位形做多个方向的延伸，形成面的装饰效果。四方连续不受外形限制，可无限延长图形，它在结构布局上均衡稳定、条理有序，无论单位形如何变化，都不会影响整体的秩序美感。四方连续图案在衣料图案设计、室内纺织品图案设计以及装饰壁纸、包装纸等图案设计中有大量应用。

四方连续的骨格形式可分为散点式、连缀式、重叠式三种，如表5-3所示。

表5-3　　四方连续纹样分类

形式	内容	图例
散点式四方连续	散点式构成形式是指单位纹样在一定空间内进行上下左右以分散的点状形式作连续排列	
连缀式四方连续	连缀式构成形式是单位纹样在一定空间内进行上下左右连续排列时，通过一定的构成骨格使单位纹样彼此相连	
重叠式四方连续	重叠式构成形式是由两种不同的单独纹样重叠排列于一个空间里，这两种单独纹样在此分别称为浮纹和地纹，以浮纹为主，地纹较简洁	

第五节　装饰图案的题材

装饰图案的题材类型众多，按照不同的形式划分，具有不同的图案造型，表5-4是装饰图案的分类情况。

表5-4　　装饰图案题材分类

划分类型	图案与图例
按所占空间分	有平面图案（如地毯、织锦、刺绣图案）、立体图案（如家具、陶瓷图案）   

续表

划分类型	图案与图例
按历史范畴分	有原始社会图案、传统图案、现代图案 
按社会关系分	有宫廷工艺美术图案、民间工艺美术图案 
按工艺美术品的种类分	有青铜图案、陶瓷图案、漆器图案、印染图案、织锦图案、工业造型图案、家具图案、商标图案、书籍装帧图案等 
按装饰手法分	有写实图案、变形图案、具象图案、抽象图案、视觉错图案等 

续表

划分类型	图案与图例
按图案的结构分	有单独图案、角隅图案、适合图案、边饰图案、连续图案等
	  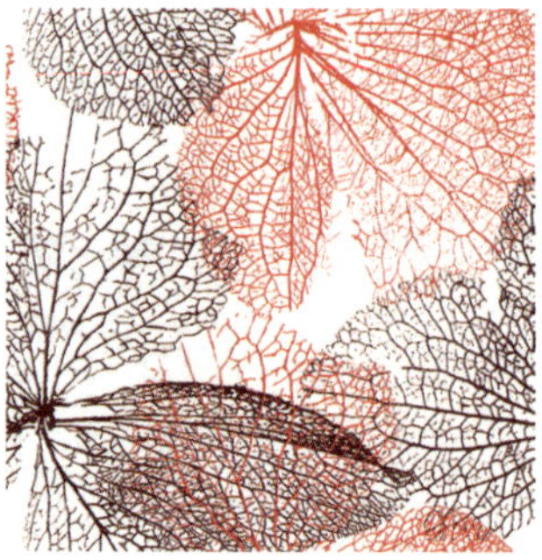
按装饰题材分	有植物图案、动物图案、人物图案、风景图案、器物图案、文字图案、自然现象图案、几何图案以及由多种题材组合或复合的图案

第六节 装饰壁画

壁画，墙壁上的艺术，即人们直接画在墙面上的画。作为建筑物的附属部分，它的装饰和美化功能使它成为环境艺术的一个重要方面。壁画为人类历史上最早的绘画形式之一。

早在汉朝就有在墙壁上作画的记载，多是在石窟、墓室或是寺观的墙壁（图5-44、图5-45），到了现在结合了现代工艺和文化气息，墙壁作画越来越多元、个性地发展，更多地被人们在装修时应用。

一、手工画

手工画是指纯手工绘画，将图案直接画在某种材料上，然后将其粘贴在墙上的画。这种手工画所用的材料可以分为两种：高档类与普通类。高档类的有丝绸，金箔等，普通的有宣纸（图5-46、图5-47）。

二、手绘画

手绘画是通过画工直接将图案描画在墙上的画，专用材料为丙烯颜料。最先出现且有代表性的就是现代的街头涂鸦与室内装饰手绘壁画，它们的做法与手工画有相似之处，只不过手绘画的载体是墙，没有通过其他的材料介质（图5-48），而在现代手绘画中，部分手绘画的载体不仅仅是墙壁，也通过其他载体悬挂于墙壁上（图5-49）。

图5-44　古代壁画

图5-44：古代壁画是最早的绘画形式之一，对建筑空间具有良好的装饰与美化功能。

图5-45　敦煌石窟壁画

图5-45：壁画中的人物有着极其夸张的动作，其面容、神采充满了静寂神秘的色彩，带有一种西域佛教的意境和风格。

图5-46　手工画

图5-46：手工画采用纯手工工艺制作，利用各种装饰材料与黏合剂的作用，将制作完成的画粘贴于墙壁上。

图5-47　金箔手工画

图5-47：对于一些高端手工画，会采用金箔等贵重材料加工制作。

图5-48　手绘背景墙

图5-48：纯手绘偏向于艺术化设计，手绘的线条感与绘画者投入的情感，是机械化批量生产所不能比拟的，手绘画更具有情感性与创作性。

图5-49　手绘盘子画

图5-49：手绘盘子画需要深厚的绘画功底，悬挂在墙面上的盘子画，成为一道独特的风景线。

图5-50 室外涂鸦

图5-50：室外涂鸦能够美化建筑物的外观，但由于风雨的侵蚀作用，壁画的保存时间有限，且绘画质量低。

图5-51 室内壁画

图5-51：室内壁画的质量、成色、工艺水平都要高于室外涂鸦，因此，室内壁画保存时间更长。

早期室外涂鸦壁画有个小缺点，因暴露在风雨烈日下，耐久度只有几年、色彩鲜艳度也只有几年，由于只是街头涂鸦，本身对画面的要求也低，因此，室外涂鸦质量上比室内壁画要低很多（图5-50、图5-51）。但因所用材料有别于其他画种，总体上说，它依然是同行中最强的，同样的环境，其他颜料在烈日风雨中最多半年就会脱落或彻底变色，失去可观性。

手绘壁画，其主要社会作用还在室内方向，室内手绘壁画因远离风雨与烈日，加上所用颜料为当今世界最科学、最高档、最环保之颜料——丙烯颜料，它的生命与保鲜力优于所有手绘同行。只要墙壁不发生损坏，在同环境下，丙烯颜料绘制室内壁画，色彩保存度甚至超出被玻璃框保护起来的各类挂画。在没有人为破坏，没有刻意环境破坏下，它甚至可以说是永久不变色，不脱落的。而其他各类油画最多两年，就会变色，偏黄。

图5-52 墙贴画

图5-52：墙贴画具有安装简单，搭配自由，无须专业安装人员即可成功安装等优势，且具有良好的室内装饰效果。

三、墙贴画

它是指先通过电脑作图，再由机器喷绘雕画，用不同颜色的墨水喷画组合成图案的一种。它是现代工业的一种完美体现，通过机器作用，加强了生产效率（图5-52）。

墙贴画与手工画也有它的相通之处，它们都是通过一个材料介质来做画，然后再把完整的作品图案粘贴至墙上的一种艺术表现形式。唯一的不同点是：一个是人工绘画，另一个是由机器喷画，从而两者间的效率也能直接体现出来，并且墙贴画可以说是适应了时代的进步，是时代的产物。

四、装饰画

装饰画是一种集装饰功能与美学欣赏于一体的艺术品。通过绘制或者印刷出画心，然后用木条或者木板绷起，或者直接在木板上作画，而后挂墙上的画（图5-53），装饰画分为有框画与无框画两种。

图5-53　装饰画

图5-53：装饰画可以直接悬挂在墙面上，安装方式简单，可以随时更换装饰画品种。

补充要点

装饰画的日常保养

大多数装饰画材料畏光畏潮，应尽量置于干燥阴凉处，也可为画框加装玻璃框和在画框内放置干燥剂等。

1. 平时应该避免杀虫剂、喷雾剂、香烟等碰触到装饰画，注意通风和防潮，远离卫生间、厨房，防止它的材质被损坏。
2. 为了防止灰尘和昆虫进入装饰画腐蚀作品，可以在装饰画的背后用一个木板封住。
3. 避免阳光长期的直射装饰画，阳光容易造成变色或者褪色等问题。
4. 不要让利器或者尖锐的物品接触到装饰画，否则会划破或者损伤画的材质。

第七节　案例分析：装饰画风格设计（扫码下载案例）

案例二维码

本章小结

装饰图案在建筑装饰造型中具有重要地位，无论是室外建筑装饰，还是室内空间装饰，都发挥了极大的作用。从长远来看，装饰图案从古代发展到今天，为建筑装饰造型提供了设计元素。装饰壁画作为室内外建筑装饰的重要工具，不同风格的装饰画能够展现出不同的建筑美观性，为建筑造型添加光彩。

思政与思考题

1. 什么是图案？
2. 图案与图形之间有什么联系？
3. 图案的形式美法则是什么？
4. 我国传统装饰图案造型有哪些？
5. 现代装饰图案的特点是什么？
6. 装饰图案的基本构成形式分为哪几类？
7. 装饰壁画的种类有哪些？
8. 在建筑装饰造型设计中，主要运用的图案题材有哪些？
9. 如何将中国传统民间图案的形式美法则运用到现代建筑装饰造型中？
10. 结合实际，请浅谈中国传统建筑苏式彩画对建筑装饰造型的重要性。

第六章

建筑装饰字体造型设计

PPT 课件
（扫码下载）

» **学习难度：** ★★☆☆☆

» **重点概念：** 基础字形、组合字体、创意字体、字体粗细

» **章节导读：** 字体造型是建筑装饰设计的重要组成部分，文字造型是给人的第一印象，对于设计师来说，良好的字体造型设计能够赚足眼球，引起人们的关注。在设计中，尤其要对字体的笔画、装饰美化、空间表现等方面进行重点设计。装饰字体在视觉识别系统中，具有美观大方，便于阅读和识别，应用范围广等优点。装饰字体是在基本字形的基础上进行装饰、变化加工而成的。它的特征是在一定程度上摆脱了印刷字体的字形和笔画的约束，根据品牌或企业经营性质的需要进行设计，达到加强文字的精神含义和富于感染力的目的。

第一节　基础字体设计

一、宋体

宋体是在北宋刻书字体的基础上发展而来的，是中国汉字中的标准印刷体（图6-1）。其特点是字形方正、横平竖直、横细竖粗，横画的右边及竖画转角处有三角稍，即装饰角；点、撇、捺、挑、钩的最宽处都与竖宽相同，其尖峰短而有力，因此有“横细竖粗，撇如刀，点垂露，捺弯腰”的顺口溜；横竖画粗细比例对比非常鲜明，横画装饰角最高的与竖画宽度相等，横画向竖画转角处的顿角要比横画顿角稍小。例如，店面的招牌采用宋体设计，在视觉上具有十分明显的横竖粗细对比。

此外，还有仿宋体，仿宋体是模仿宋版书的一种字体，其特点是：横竖粗细基本相同，字身挺直细瘦，间架均匀，笔画齐整、秀丽，横画、竖画都比较细，起笔、收笔都有顿角，横画稍向左下方倾斜，点、撇、捺尖峰加长，挺拔劲健，简明清晰，瘦劲带俏。

二、黑体

1. 方黑体

方黑体字笔画较粗，其特点是横竖笔画粗细一致，方头方尾端庄平整，转角处都不留顿角，点、撇、捺、挑、钩也都是方头方尾，所以又称方体。

在书写方黑体时，笔画的宽度要基本一致，讲求方起方收。但在汉字的一些特殊的字例里，为保证文字的重心，需做适当调整。在建筑命名设计中，方黑体字浑厚稳健、庄重有力、朴素大方、醒目，书写也较为方便（图6-2）。

2. 圆黑体

圆黑体是由方黑体演变而来的，它保留了方黑体的字体饱满、笔画较粗的特点，但结构与方黑体却大不相同。方黑体的笔画多向中宫收紧，安定、庄重、严谨、书法味浓，而圆黑体的笔画则向外伸展，结构向四面扩张，追求饱满充实、装饰浓郁的效果。例如，某房地产的招牌使用圆黑体作为店招字体，在视觉上给人饱满，安定的效果（图6-3）。

三、楷体

楷书也叫正楷、真书、正书。从程邈创立的隶书逐渐演变而来，更趋简化，横平竖直。《辞海》

图6-1　宋体

图6-1：宋体字体在视觉上给人刚正、易于识别的感觉，仿宋体的字身修长，工整秀丽、匀称，笔画挺拔，起落偏顿，有良好的视觉效应。

图6-2　方黑体

图6-2：方黑体在书写过程中，如横画较多的字，就要适当缩小横画的宽度。图中“碧桂园”的字体方正，横竖笔画之间粗细一致。

解释说它“形体方正，笔画平直，可作楷模。”故名楷书。始于汉末，通行至现代，长盛不衰。改良后的楷书，字体的美感主要从笔力和个性特色中体现出来，利于书法艺术的进一步发展（图6-4）。

楷书是隶书的简化，主要体现在两个方面：改弯为钩；改波折为笔直。隶书改良为楷书后，字体的美感主要从笔力和个性特色中体现出来，利于书法艺术的进一步发展。

图6-3　圆黑体

图6-3：圆黑体绘写时要选择比方黑笔头略窄的笔绘写，写时要特别注意字体结构的扩张和笔画的圆滑。

图6-4　楷体

图6-4：楷体的字体端正，笔画之间平直方正，具有良好的对称式结构，字体美感好。

补充要点

汉字基础字体构成原则

1. 中线为准、左右平衡。每个字都有一根中线，虽然它是无形的，但在结构中总是通过一定方式表达出来。左右平衡了，中线才能起到作用。只有以中线为准，才能做到左右、上下平衡。
2. 上紧下松，上小下大。写字时，上紧下松的结构会使人感到宽松，而上松下紧的结构则会使人感到局促。因此，在结构安排时，要注意松、紧、大、小的相对性，也就是要“适度”，否则会产生相反的效果。
3. 有争有让、适当穿插。字体要设计得美观，还要注意字形的比例与分割。有些字的笔画或部首是相互穿插、有机联系的，仅简单地依靠部首的组合会把字写得松散、呆板甚至脱节。因此，处理好这个问题要注意部首之间的笔画能交错，应注意穿插避让，以及重复的笔形要注意变化等原则。如果笔画安排不妥，就会产生互不相关或重叠挤压的现象。所以，互相穿插与有争有让是密切相关的，只有做到有争有让，才能够适当穿插。
4. 空间视差，调整适当。凡带有边框的字，其框内空间称为内白空间，字形以外的空间称为外白空间。凡内白空间大的字一般会显得字更大；凡外白空间大的字则会显得字更小。这是实与虚的空间视差现象，与字的大小有很大关系。绘写时要注意调整“实”与“虚”的关系。

第二节　拉丁字母字体

一、拉丁字母字体的特征

拉丁字母（Latin alphabet或Roman alphabet）是当今三种最具有影响力的文字符号（华夏汉字、拉丁字母、阿拉伯数字）之一，是目前世界上使用最广泛的一种字母文字系统（图6-5）。

1. 拉丁字母的分类

拉丁字母起源于图画，它的祖先是复杂的古埃及象形字，距今大约有6000年的历史。后来，希腊人在与腓基尼人的交往中，吸取了他们的文化，创造了希腊字母，成为现代拉丁字母的雏形。其主要字体有文艺复兴体、巴洛克字体和现代自由体，如下表所示。

2. 拉丁字母书写调整要求

由于拉丁字母的外形不一，构字的笔画不均，在书写拉丁字母时要注意书写要领（图6-6），应遵守下列调整规定：

（1）外形调整。在书写拉丁字母时，为了保持视觉上的一致，可以将方形字母适当缩小，而将圆形字母的上下两端和三角形字母的顶端适当外扩些。

（2）笔画粗细的调整。在书写无饰线拉丁字母时，为保持视觉上的一致，字母笔画的粗细也应该进行调整。

（3）视觉中心的调整。人们的视觉习惯一般为上紧下松，因此在书写有中心横线和双结构的字母时，字母的上部分应该写得略紧凑些。在书写上下笔画相同的字母时，字母的上部应略小于下部。

表　　拉丁字体分类

名称	特点
文艺复兴体（老罗马体）	字脚的形状与纪念柱的柱头相似，与柱身十分和谐，字母的宽窄比例适中、美观，饰线略呈弧形，构成了完美的整体
巴洛克字体（过渡字体）	字形对称、稳定感强，线条的对比强烈，视觉上典雅、舒朗、优美，至今仍为许多国家广泛使用
现代自由体	由于这种字体上下饰线大而方厚，就如古埃及神庙里圆柱的柱台，所以被文字设计师们称为埃及体

图6-5　墙面上的拉丁字母

图6-5：拉丁字母（罗马字母），是目前世界上流传最广的字母体系，源自希腊字母。由于形体简单清楚，便于认读书写，流传很广，成为世界最通行的字母。

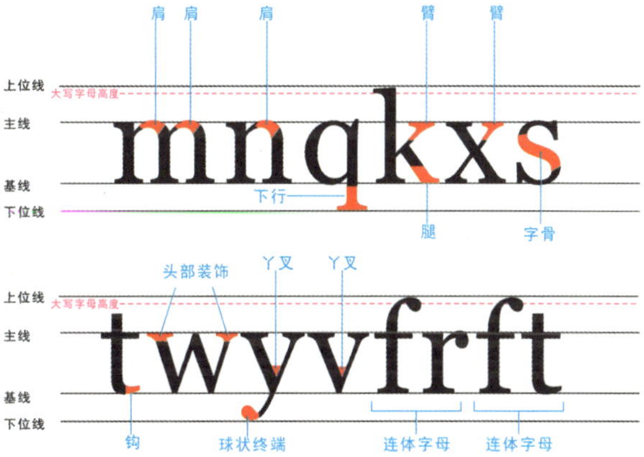

图6-6　拉丁字母书写形式

图6-6：由于拉丁字母的外形和大小不一，而在书写时又经常是大小写并用，所以尤其应处理好字距、词距和行距的关系。

二、现代罗马体

1. 干线倾斜

现代罗马体中凡向右下方的倾斜线都是粗线，称之为干线（图6-7）。

2. 横细竖粗

现代罗马体中所有的横笔都是细线，竖笔除M的左边、N的左右两边、U的右边外都是粗线，且细线与粗线的比例大约是1∶6。

3. 弧线由细渐粗

拉丁字母中的弧线较多，如字母B、C、D、P、O、S、U等，其规律是水平方向的弧线细，竖直方向的弧线由细到粗再到细，且最粗处略粗于竖线。

4. 走笔、收笔装饰线

除了字母O、Q，其他拉丁字母的末端（或称起笔端和收笔端）都有大约相当于竖线宽度两倍的装饰线。

图6-7 罗马体

图6-7：罗马体根据古罗马时代，在建筑上的铭文而设计，其特色为直立、正写。

5. 上紧下松

拉丁字母的造字也和汉字一样存在上紧下松的问题，在视觉上产生上紧下松的趋势。

6. 字距不一

罗马体在进行字母组合时，字距十分讲究，以字母与字母之间的字距单位为1来设定，那么两个方形字母的字距为2，方形字母和圆形字母的字距大于1且小于2，圆形字母与三角形字母的字距为0，正三角形字母与倒三角形字母的字距为-1，倒三角形字母与倒三角形字母的字距为0。

补充要点

英文字体设计

英文是字体设计中十分常见的字体（图6-8），也是世界上最广泛的第一语言，英语是国际指定的官方语言。同时也是欧盟、英联邦国家以及许多国际组织的官方语言，母语使用者的人数占世界第三位，仅次于汉语和西班牙语母语使用者人数。如今，许多国际场合都使用英语作为沟通媒介。其次，英语也是与电脑联系最密切的语言，大多数编程语言都与英语有联系，而且随着网络的使用，英文的使用更普及。

在各种公共场合中，英文字体的应用十分广泛，大到国际交流、国际贸易等大事件，小到日常标识标志等日常生活，英文的普及率越来越广泛（图6-9）。

图6-8 英文字母

图6-9 店面英文字体设计

第三节　字体组合设计

字体组合设计是将两个或两个以上的文字元素进行再创作设计，利用文字的不同属性与特征将其组合成一个整体，例如，在一个建筑造型中出现两种或两种以上的字体设计，就可以称之为字体组合设计（图6-10）。设计师可根据建筑的内容与风格进行重新定位，这种设计形式不但能将建筑的信息十分准确的传递给观众，还能赋予文字新的艺术魅力，彰显设计的独特魅力。

图6-10　字体组合设计

图6-10：通过对字体的精心组合，色彩的创意搭配，赋予文字更多的组合创意，在视觉上吸引注意力，突出文字的艺术魅力。

一、字体属性组合

将文字进行组合设计的目的是为了增强文字在建筑上的视觉效果与视觉张力。在进行字体组合设计时，可根据字体的大小、风格及色彩这三方面的属性进行搭配组合，使整个画面展现出刚柔并济、和谐且不失美感的画面效果。

1. 大小

字体外观形态的比例大小直接影响着字体在整个建筑中的占用空间，同时也影响着建筑的整体结构。在文字信息较丰富的建筑中，采用大小相同的字体进行组合，可使字体产生协调、统一的效果，同时又能让画面呈现出一种规律、整齐的印象，便于文字信息的准确传达（图6-11）。

2. 风格

在字体设计中，字体设计风格是指具有独特个性、效果美观的字体，它包含字体的质感、形态、空间效果以及特殊造型等方面。在实际的设计过程中，将风格一致或类似的字体进行组合，既能突出画面的整体感，又能使建筑呈现协调统一的风格效果（图6-12）。

图6-11　文字大小组合

图6-11：通过将不同大小的字体组合进一个画面中，在视觉上形成主次关系，越重要的字体越大，次要的字体进行缩小设计。

图6-12　风格一致设计

图6-12：在设计中，将风格一致的字体组合到一起，能呈现出前所未有的整齐感。

3. 色彩

色彩是字体组合设计的重要技巧，在建筑装饰造型字体设计中，设计师可依据色彩的明度、纯度、色相等关键点来进行字体组合设计，使建筑呈现出绚丽多彩的效果。

（1）明度。色彩明度组合设计是将明度相同或者类似的字体进行充分的组合，在建筑上形成良好的整体性与统一感，这种设计形式能够展现出字体的视觉引导力（图6-13）。字体的明度对于整个建筑装饰造型的色调都有着重要的影响，且决定了字体的明暗程度。例如，当建筑物的整体色调偏向于浅色系时，需要将字体的明度进行适当调整，与建筑物相协调。

（2）纯度。色彩的纯度决定了字体的鲜艳程度与字体特征的关键因素。高纯度的字体色彩则给人欢快、热闹的印象，而低纯度的字体色彩给人朴实、务实的印象，在实际的字体设计过程中，灵活利用字体的纯度组合，可使建筑呈现出不同的情感心理（图6-14）。在对字体的纯度进行组合时，首先要考虑画面的风格定位，其次要注意字体纯度与背景间的对比关系。

（3）色相。色相具有差异性，即使是同一种颜色，也可分为多种色相。由于各种色相有差异之分，为避免字体色调出现杂乱无章的现象，或者在选择字体色彩感到困惑时，可选用单一的色相以统一字体色彩，使建筑简明又协调。另一种方法是选用多种鲜明的色相作为字体色彩，这样可使建筑呈现出活跃又鲜明的视觉感受（图6-15、图6-16）。

图6-13　明度组合设计

图6-13：在背景较为暗淡的组合设计中，通过适当调整明度，让文字的突出性与观看性更佳。

图6-14　高纯度字体组合

图6-14：避免太过相似的色彩纯度给建筑带来的枯燥感，或者是过多色彩给建筑带来杂乱印象。

图6-15　单一字体色相

图6-15：为避免字体色调出现混乱，可选择一种字体作为整体的建筑装饰字体，形成简洁、明快的画面。

图6-16　多色字体色相

图6-16：在选择字体色彩时，通过多种色彩的字体组合，使建筑物呈现出活泼、鲜明的形象。

二、字体对比组合

字体对比组合是指利用字体的各种对比形式进行字体组合设计，从字体的大小、笔画、方向、风格、色彩属性等方面进行对比，将其组合成具有视觉艺术效果的作品。这种设计手法称之为字体对比设计，可以提升字体的表现力，增强字体的建筑个性。

图6-17 字体大小对比设计

图6-17：通过文字逐渐放大或者缩小的形式，呈现出有秩序的由大到小或由小到大的渐变感。

1. 大小对比

大小对比是对比组合设计中最为常见的一种设计技巧，在日常生活中也极为常见。在设计中将文字的主标题、重要信息进行放大处理，将次要信息保持基本字形不变，其主要作用是突出建筑上的主要文字内容。

一般会以标题放大的形式作为主要设计方式（图6-17）。其次，也可以将重要的文字信息制作为具有视觉图形的样式，让人一眼就能看出来。例如，图中的“50%”是关键字眼，利用文字加粗加边框的制作形式，从建筑中突出主要内容。字体的大小对比不仅可以增强字体的表现力、明确主次关系。在字体大小变化的过程中，字体间的大小对比越强烈，越是能呈现出夸张的空间关系，使画面呈现出视觉上的延伸感，使建筑更富张力。

图6-18 字形对比组合设计

图6-18：在字型的选择上要注重两者之间的协调性，一般在一个画面中不要超过三种以上的字型，否则容易出现建筑不协调的情况。

2. 字型对比

不同的字型可以呈现出不同的建筑文字气质。字型对比设计字面上的意思就是通过不同字型之间的碰撞，形成独特的视觉效果。例如，宋体字型的文化属性与黑体字型的商业属性结合，而英文用的是纤细的字体，也蕴含了儒雅的气质，这样画面中就形成了商业、文化、儒雅的碰撞（图6-18）。

图6-19 粗字体设计

图6-19：粗的字体视觉上比较重，会给人一种稳重、强韧的印象。这种字体适合运用在商业建筑造型上，给予消费者视觉信任感。

3. 粗细对比

字体的粗细能够使字体长线呈现出不同的视觉效果（图6-19、图6-20）。根据粗细笔画不同的表现特征，将两者同时运用于同一建筑之中，此时

图6-20 细字体设计

图6-20：细的字体比较轻盈，给人一种纤细、娇柔、精致的印象。适合运用到酒店、美容院等生活类建筑造型上。

笔画间的粗细对比可以使字体产生强烈的变化效果，使字体更富艺术美感。

粗细对比设计的原则与大小对比的原则一样，主要是将重要信息进行加粗。在粗细对比中，尽量将字号相同的字体之间处理为有粗细变化的形式，这种设计方式的好处是可以直接突出主旨内容。

4. 风格对比

当建筑造型中出现两种或两种以上不同风格的文字样式时，为保证整体的协调与统一性，可以将不同风格字体进行分类组合。例如，当画面中出现两种风格各异的字体样式时，我们可以分别将相同风格的字体进行组块，并分别置于建筑不同位置中，这样一来，既能使建筑层次分明，又能增添画面的丰富性（图6-21）。

值得注意的是，并不是建筑上的对比字体越多，对比性就越强。恰恰相反的是字体过多会使建筑显得复杂，让读者在观看时不知所措。因此，在设计的过程中，要把握好字体种类与风格之间的关系，对比形式太多，字体的重要程度就会减弱，视觉效果较差（图6-22）。

图6-21 字体风格组块设计

图6-21：为了使建筑呈现出更好的视觉效果，在设计中，设计师可以采用不同风格的字体进行对比组合设计，利用两组字体之间的对比差，使得画面更具有戏剧性的建筑效果。

图6-22 字体风格对比

图6-22：通过不同风格字体的对比组合设计，字体在视觉上呈现出强烈的对比效果。

补充要点

文字的功能

1. 文化功能。文字记录着众多大大小小的事件，是见证一个民族萌芽与发展、兴起与衰落的重要参与者，也是理解他国文化最直接的一种方式。作为一个民族文明、智慧和历史传承的见证，文字成了理解一国文化最直接的方式，甚至许多学者认为文字与民族具有“一一对应”的关系。历史上文字与民族的这种一对一的关系十分顽固，即使延续数百年、上千年之久，民族与语言皆发生了巨大的变化，但这种对应关系却依然如故（图6-23）。
2. 社交功能。文字的功能是依据人类生存与生活的需要而逐渐开掘和发展起来的。从文字发展的过程来看，文字起初并不是为了交流，而是帮助人们进行记录事件的符号。文字与音结合以后，它才有了交流的功能。人与人之间的交流可以通过肢体、语言和图形来实现，但是最不受时空限制、信息量最大的交流还是要依靠文字来完成。没有文字，就没有文化的广泛传播，也无法保存有据可查的历史（图6-24）。
3. 视觉功能。文字从原始图形的基础上演变而来，文字除了传递信息、记录历史以外，它本身也是一种特殊的视觉符号，具有图形之美（图6-25）。文字图形化最常见的就是利用字母或汉字作为主要的元素来创造平面艺术作品。在西方的平面设计中，通过对拉丁字母进行排列和重组，创造出复杂多变的图形。不同的文化背景、不同的时代对于同一种图形都可能产生不同的理解，图形的这个优势是文字所没有的（图6-26）。

图6-23　文化传承功能

图6-24　书信

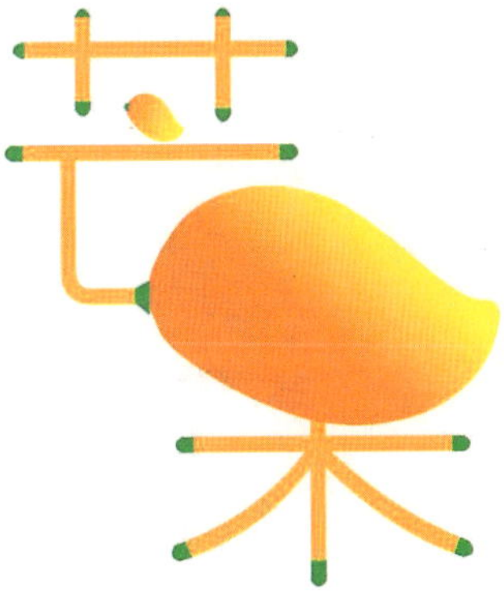

图6-25　视觉功能

图6-26　美感

第四节　创意字体设计

文字设计需要一定的手法技巧，能让文字呈现出良好的视觉效果，感染更多的人。从设计师角度来说，设计技巧能让设计师快速掌握设计流程，更快更好地设计出文字作品。对于消费者而言，使用有设计技巧的文字作品，在视觉上更加具有震撼力。

日常使用的文字设计技巧有：尖角法、连笔法、粗细法、断笔法、空心法、变形法、共用法、装饰法（图6-27）。

一、尖角法

尖角法是将文字的圆角变成直尖、卷尖、弯尖、斜尖等几种形式，这些尖角可以是竖向的，也可以是横向的（图6-28）。从视觉上来看，将原本浑厚的文字变成十分硬朗的字体。这种设计手法在动画设计中较为常见，表现出强有力的视觉感，在建筑造型中也有所涉及，在造型简约的建筑上使用字体尖角法，能够增强建筑的视觉感与时尚感（图6-29）。

二、连笔法

连笔法是通过相邻的字与字之间，或者笔画之间自然地连接，打破方块字之间的限制（图6-30）。形成活泼美观、字形连贯的文字形态。这种字体设计的巧妙之处在于能够让整个画面充满律动的美感。

连笔法讲究的是字体书写节奏的流畅，使信息更为突出鲜明，并产生有效传达。通过连笔的创作设计，展现出笔画脉络与字体的整体形态概况，使各自笔画的特点片段得到补充、延伸（图6-31）。

设计时应选择可连接部位或共同的笔画，根据文字的内容和特点进行构思，笔画可长可短，字形

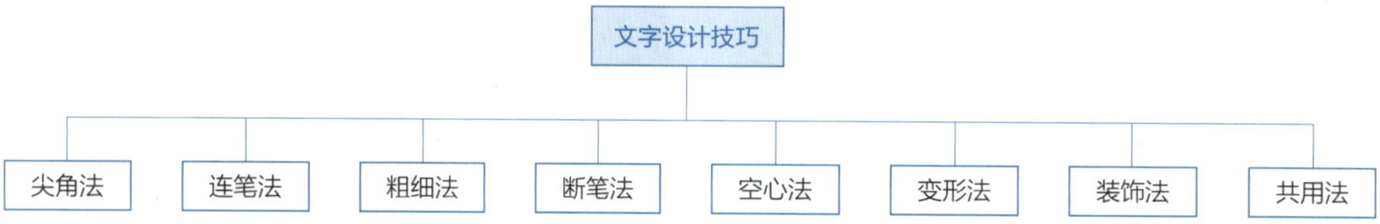

图6-27　文字设计技巧

图6-28　尖角字体

图6-28：尖角字体能够表现出力量与强大的感觉，其设计思路是将字体的边缘部分进行适当的尖角处理。

图6-29　尖角设计

图6-29：尖角字体设计使得字体呈现出硬朗感，使建筑造型看起来十分稳重。

图6-30 连笔字体

图6-30：笔画之间相互关联，能够打破字体之间的局限性，增加字体之间的紧密感。

图6-31 连笔设计

图6-31：连笔所呈现出的一蹴而就的感觉，对于字体设计在实际中的应用，能凸显文字信息整体的节奏和信息的密集。

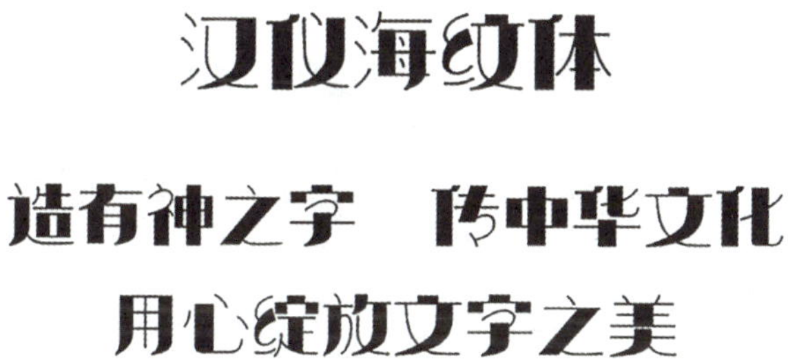

图6-32 粗细字体

图6-32：字体粗细设计是通过将字体的部分加粗或变细的方式改变字体的形式感，赋予文字个性化设计。

图6-33 字体粗细设计

图6-33：字体粗细变化在视觉上给人轻松自在的感觉，粗的字体给人稳重安定的感觉，细的字体给人活泼的感觉。

可大可小，使其产生均衡与对称，对比与统一的和谐感。这种设计手法的字体在娱乐类建筑中十分常见，能够快速提升画面的设计感。值得注意的是，在设计中切忌不假思索的使用直线连接字体，大面积的使用会让画面显得呆板，让人感觉枯燥乏味。

三、粗细法

粗细法是将竖线或者横线转换成其他类型的线条，将笔画简单化的一种设计手法。能够给人一种重力分化的视觉感受，字体较粗的一方显得重，字体较细的一方显得轻（图6-32、图6-33）。

四、断笔法

断笔法是将文字的闭合包围的地方适当的开口，或者将某一处断开一部分，使前后笔画之间不再紧密相连，而是在作品的时间或空间意义上呈现出一定的断开或跨度空间，使字体笔画的直观呈现表现出断开的效果（图6-34）。这种设计方式可以使文字具有设计感与现代感，其次，还可以将文字的不同部位做一些颜色与形式上的变化，从而带来意想不到的效果。

在建筑装饰造型字体设计中，将文字的笔画采取错移、分解、剪切等方式呈现出缺口的方

（a）

（b）

图6-34　字体断笔设计

（a）

（b）

图6-35　标志设计

图6-35：使用断笔法设计，要在能清楚识别被设计文字的前提下使用，否则设计出的文字无人能识，会处于非常尴尬的境地。

法，使其产生断裂、破碎、虫蛀、粗犷等感觉，能带来极为震撼的视觉感受。将一个整体的字体或图案分割开来，在视觉上形成一种断裂的感觉（图6-35）。

五、空心法

空心法是利用线条勾勒出文字的外部轮廓，将字体的中间进行留白处理（图6-36）。在设计过程中，过于粗的字体轮廓会产生相合或重叠的现象。宋体字体在做空心设计时，会给人一种很粗犷的感觉，影响整体的画面感；英文字体在进行空心设计时，可以保持原有单线不做变化，从而达到整体画面的均衡感（图6-37）。

六、变形法

大多数情况下，对于字体笔画的形状设计，主要是根据文字所应用的领域及要表达的主题，有针对性地来改变字体的笔画形状，符合宣传的对象与环境，创作出相符的设计作品，起到更好地传播作用。利用字体基本的笔画构成，按照字体的实际内容与含义将笔画变形，使之呈现出夸张、独特的形状，以此达到突出主题的目的。

图6-36　空心字体

图6-36：将空心字体运用到建筑造型设计中，能够很好地装饰建筑物。

图6-37　空心字体设计

图6-37：将空心字体装饰在室内墙体上，可以在整个空间中突出单面墙体的设计。

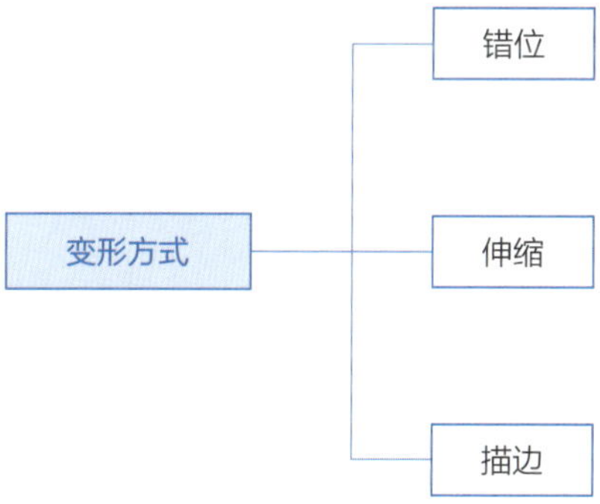

图6-38　变形方式

通过笔画形状的设计，将艺术的表现手法与字体的书写相结合，变化出新的字体造型，使原本单一的笔画呈现出多种多样的形式，给人们带来别样的视觉刺激。

变形设计是利用一定的设计方式，改变字体的外部结构，从而达到变形的效果。错位、伸缩、描边等方式，是变形法的常见手段，能快速地让字体外形发生变化（图6-38）。

1. 错位

错位是将整齐的字体排列错开，制造出一种错落有致又富有韵律感的艺术效果。这种排列方式让原本规规矩矩的文字富有变化。例如，将整齐排列的“万圣之夜”进行错位设计，整个画面显示出艺术气息，给人一种强烈的设计感（图6-39）。

2. 伸缩

伸缩是在保持文字整体不做大改变的前提下，以最为简单的伸缩方式进行文字处理，以拉大、缩小、压缩等方式改变文字外形，虽然在设计上没有做较大的改变，但是这一设计形式却赋予了文字新的生命，提升了文字的档次（图6-40）。

3. 描边

描边通俗来讲就是在文字的边缘加上边框，在字体上描绘出新层面。这种设计手法能够突出文字，强化文字边缘，让字体显得敦实厚重。例如，将普通的文字使用不同的色彩进行描边，使内部的

（a）　　（b）

图6-39　字体错位设计

图6-39：将排列整齐的字体进行错位，这样一来，原本整齐的字体呈现出高低错落的设计感，使文字富有变化的美感。

文字凸起，简单勾勒后的字体散发着高端的感觉（图6-41）。

字体的创意设计，是以字体的合理结构为基础，通过丰富的联想，利用多种不同的创作手法，打造出具有更高表现力的文字造型。学习简单的字体创意方法，除了能够使字体展现出其多变的形态特征，加强文字信息的传播效力外，还能帮助大家提升设计作品的审美感，增强画面的视觉冲击力。

七、装饰法

字体装饰设计是在保持文字整体不变的情况下，将字体的笔画做一定的装饰性设计（图6-42）。在保障文字的信息传达的功能前提下，提升文字的建筑形式美感，这也是为了适应字体设计的发展要求（图6-43）。

在现代设计领域中，字体笔画的装饰设计，不仅能让文字摆脱单一的记录、传达功能外，还能在这些简单的基本特性上体现设计师的艺术造诣，增强字体的表现力。通过对笔画的修饰，使字体呈现出优雅、流畅的节奏美感。其次，对字体笔画进行装饰性处理。在字体的基本结构上将笔画形态装饰、变化，能积极有效地使字体摆脱印刷体的字形束缚，为文字添加趣味性和生动性。

图6-40　字体伸缩设计

图6-40：字体伸缩设计是对字体进行一定的拉大、缩小处理，但是在视觉上依然能够轻易识别出该文字。

图6-41　字体描边设计

图6-41：字体描边设计是对字体的边缘部分进行彩色描边，用来突出内部字体。

图6-42　装饰字体设计

图6-42：在保证准确传达信息的前提下，通过对字体进行一定的装饰性处理，美化字体。

图6-43　建筑上的装饰字体

图6-43：用字体来装饰建筑也是建筑装饰造型设计的一种方式，在改变少数字体的笔画的前提下，能够增强建筑的美观度。

八、共用法

字体笔画的共用，顾名思义，就是指两个或两个以上的多个字体共同采用同一笔画构成文字形态，将不同的字体之间利用重合、相接的同一笔画联系在一起，形成具有独特风格的新型复合字体，展现出字体设计的多样性（图6-44）。

通过笔画共用产生的字体新形态，无论从任何角度来展示，不同的字体之间依然保持着各自独立的含义、特征，同时从视觉上又会产生统一整体的紧密联系，使字体与字体之间产生了有形的共同意义。

笔画之间的共用设计，加强了字体间的联系，将对象字体通过简单的设计创作，使建筑更具紧凑感，表现出鲜明的整体特征，以此提高画面的视觉冲击力（图6-45）。对于字体而言，笔画的共用，既有美观大方的简洁特征，又能打造出具有独特个性的字体形态，使作品产生美好的艺术画面，进而达到宣传文字含义与设计精神的作用。

图6-44　笔画共用字体

图6-44：字体笔画的设计与变化，是为了赋予字体更强的感染力，使其积极有效地吸引人们的目光。

图6-45　笔画共用设计

图6-45：对于字体笔画的装饰设计，不仅要注意保持文字的可读性，使内容的表达简洁清楚，更要注意表现出字体设计的艺术化特征，给人们留下深刻的印象，体现视觉形象的新型审美观念，带来美好的视觉享受。

第五节　案例分析：字体造型设计（扫码下载案例）

案例二维码

本章小结

字体在建筑装饰造型中具有两方面的作用：一方面是使用功能，字体在建筑装饰造型中充当着重要作用，建筑上的标识，导向设计，都离不开字体；另一方面，字体作为装饰元素，能够为建筑造型，带来良好的视觉体验。因此，作为一名优秀的设计师，熟悉字体造型的技巧与字体对建筑的作用，能够在今后的设计中，将字体与建筑装饰造型更紧密地结合在一起。

思政与思考题

1. 基础字体设计有哪几类?
2. 行距与字距对文字设计有影响吗?
3. 装饰字体与书法字体的本质区别是什么?
4. 字体设计技巧有哪些?
5. 字体组合设计的形式分别是什么?
6. 请简要分析常见的字体对比色设计有哪些。
7. 使用双语字体设计的长远意义是什么?
8. 请讨论字体创意需要注意哪些问题，作用是什么?
9. 请简要说明政府公文标题字体的独特性与可识性。
10. 请简要分析GB2312仿宋体的字形结构特征，指出该字体与人的心理之间的联系。

参考文献

-●-

REFERENCE DOCUMENTS

[1] 〔德〕马库斯·韦格，张影．平面设计完全手册[M]．周秋实，译．北京：北京科学技术出版社，2015．

[2] 陈根．建筑设计看这本就够了[M]．北京：化学工业出版社，2019．

[3] 金雅庆，谷杨，孙明．装饰造型设计基础[M]．北京：北京理工大学出版社，2011．

[4] 中国建筑装饰协会培训中心组织．艺术设计造型基础·全国建筑装饰装修行业培训系列教材[M]．北京：中国建筑工业出版社，2004．

[5] 李晓莉，董松桥，冯维玲．建筑设计系列·建筑装饰设计[M]．广州：华南理工大学出版社，2015．

[6] 简·卡伦德．图案设计2000种[M]．北京：中国画报出版社，2017．

[7] 玛丽克里斯蒂娜，迈克尔·凯优．图案设计与应用[M]．武汉：华中科技大学出版社，2018．

[8] 胡卫军．字体设计——设计师必备宝典[M]．北京：清华大学出版社，2017．

[9] 吴锐．建筑装饰设计[M]．北京：机械工业出版社，2011．

[10] 罗平．建筑装饰设计基础：第2版[M]．北京：机械工业出版社，2018．

[11] 王子夺．建筑艺术造型设计·高职高专建筑装饰工程技术专业规划教材[M]．北京：中国建材工业出版社，2013．

[12] 史喜珍．三大构成设计：第2版[M]．武汉：武汉理工大学出版社，2011．

[13] 余雅林．装饰图案设计与表现[M]．上海：上海人民美术出版社，2017．

[14] 郑军，徐丽慧．中国传统装饰图案[M]．上海：上海辞书出版社，2017．

[15] 刘浪．立体构成及应用：第2版[M]．湖南：湖南大学出版社，2017．

[16] 丁沃沃，刘铨，等．建筑设计基础[M]．北京：中国建筑工业出版社，2014．